Con il contributo di:

UNIVERSITÀ DI PISA

UNIONE EUROPEA
Fondo sociale europeo

MINISTERO DEL LAVORO
E DELLE POLITICHE SOCIALI
Ufficio Centrale per l'Orientamento
e la Formazione Professionale dei Lavoratori

REGIONE
TOSCANA

Provincia di Pisa

Effetti, potenzialità e limiti della globalizzazione

Una visione multidisciplinare

a cura di
P. Della Posta, A.M. Rossi

 Springer

A cura di

POMPEO DELLA POSTA
Dipartimento di Scienze
Economiche
Università di Pisa
Pisa

ANNA MARIA ROSSI
Dipartimento di Biologia
Università di Pisa
Pisa

ISBN-10   88-470-0608-2
ISBN-13   978-88-470-0608-9

Springer fa parte di Springer Science+Business Media

springer.com

In copertina: *Paesaggio II*, Carlotta Gualtieri , 2005
Tecnica mista su tavola telata, cm 32 x 42

Layout copertina: Simona Colombo, Milano
Impaginazione: Graphostudio, Milano
Stampa: Grafiche Porpora, Segrate (MI)

Stampato in Italia
Springer-Verlag Italia S.r.l., Via Decembrio 28, I-20137 Milano

Presentazione

Accettando di contribuire alla realizzazione di questa pubblicazione, la Provincia di Pisa intende confermare il suo impegno in favore dell'affermazione dei diritti dei minori lavoratori, obbligo già assunto nel 2003 e rafforzato poi con l'intesa (*Memorandum of Understanding*) firmata con l'*International Labour Office* (ILO) e altri soggetti, tra cui l'Università degli Studi di Pisa, per l'eliminazione progressiva dello sfruttamento del lavoro minorile e l'abolizione immediata delle sue forme peggiori.

Per comprendere la gravità della situazione basta considerare che a livello mondiale quasi un bambino su quattro (350 milioni) è costretto in attività lavorative di diversa natura. L'attuale processo di globalizzazione, del resto, non sembra capace di contribuire in maniera efficace alla risoluzione del problema, ragione per cui si rende urgente un ripensamento delle politiche attuali e delle istituzioni di governo globale.

Secondo un recente studio dell'ILO intitolato *Investing in every child. An economy study of the costs and benefits of eliminating child labour*, l'eliminazione del lavoro minorile potrebbe apportare benefici economici pari a oltre 5.000 miliardi di dollari. Si tratta di una cifra quasi sette volte superiore ai costi stimati per raggiungere quest'obiettivo, un valore particolarmente importante per i Paesi in via di sviluppo e in transizione dove si trova il maggior numero di bambini costretti a lavorare.

L'analisi curata dal Programma per l'Eliminazione del Lavoro Minorile dell'*International Labour Office* (IPEC), mostra come sia possibile sostituire al lavoro minorile l'educazione universale entro il 2020 per un costo complessivo stimato intorno a 760 miliardi di dollari.

Lo studio termina con la seguente affermazione di Juan Somavia, Direttore generale dell'Ufficio Internazionale del Lavoro: «Non c'è buona politica sociale che non si dimostri anche una buona politica economica. L'eliminazione del lavoro minorile si concretizzerebbe in un enorme ritorno d'investimento – per non parlare dell'impatto inestimabile sulla vita dei bambini e delle loro famiglie».

Un giusto punto di riflessione per tutti gli economisti e soprattutto per i politici che governano in tempi di globalizzazione. E questo volume, che raccoglie il contributo di studiosi delle diverse discipline universitarie che si interessano al "fenomeno", contribuisce ad accrescere la conoscenza sulla opportunità di una equa distribuzione della ricchezza.

Anna Romei
Assessore Provincia di Pisa
al Lavoro e Formazione

Premessa

Questo volume nasce, come succede a volte per le scoperte scientifiche o per le specialità gastronomiche, da una serie di circostanze impreviste. La prima fu il blocco delle assunzioni nell'intero pubblico impiego, inclusa dunque l'Università, imposto dalla legge finanziaria del 2003 e confermato nel 2004. A decine di migliaia di studiosi veniva impedito di prendere effettivamente servizio nonostante avessero passato il vaglio dei relativi concorsi e ne fossero risultati vincitori, mortificando le loro legittime aspirazioni e aggravando le condizioni di carenza di personale docente delle Università.

A livello nazionale si costituì un comitato dei professori "senza presa di servizio" (SPS) che cercò di porre il proprio caso all'attenzione dell'opinione pubblica, sollecitando una pronta soluzione della questione. La protesta nasceva senz'altro dalla volontà di reagire a un torto subito, ma in molti vi era anche la consapevolezza che la valorizzazione e il ruolo dell'Università pubblica rischiavano di essere irrimediabilmente compromessi da scelte che, aumentando le incertezze della carriera universitaria, avrebbero certamente allontanato i giovani di maggiore talento e valore.

A Pisa noi professori SPS ci mobilitammo per sensibilizzare il Rettore, il Consiglio di Amministrazione e il Senato Accademico affinché assumessero iniziative simili a quelle intraprese da altre università (Genova e Roma Tre, per esempio), che avevano proceduto almeno alle assunzioni che non comportavano un aggravio di spesa per l'amministrazione interessata. Nel nostro Ateneo, nonostante la mobilitazione dei mesi precedenti, gli organi di governo non ritennero invece possibile perseguire tale via, ma non appena il blocco venne nei fatti rimosso, tennero fede agli impegni assunti e procedettero immediatamente alle assunzioni, che avvennero in parte alla fine di dicembre 2004 e in parte nei primi giorni del 2005.

Sollevati dalla soluzione della vicenda e visti finalmente riconosciuti i nostri diritti, noi neo-assunti professori associati e ordinari pisani, certamente motivati anche da un positivo spirito di rivalsa, ci domandammo se non fosse possibile dar vita a un'iniziativa che permettesse di continuare il percorso iniziato insieme, trovando un'occasione per integrare le diverse competenze e per mostrare il valore accademico di ciascuno di noi e anche, in fondo, per ricordare a futura memoria quanto avvenuto.

È così che nacque l'idea di un convegno su un tema di interesse comune, quello della globalizzazione, affrontato per la prima volta, da quanto ci risulta, in maniera ampiamente multidisciplinare. La conferenza, dal titolo "Effetti, potenzialità e limiti della globalizzazione: una visione multidisciplinare", si è tenuta nell'Aula Magna della Facoltà di Economia il 14 dicembre 2005 e ha visto la partecipazione interessata di molte persone, anche esterne all'ambito puramente accademico, che ci hanno sollecitato a pubblicare i lavori presentati. Nasce così questo volume che fortunatamente ha incontrato l'interesse della Casa Editrice Springer, che ha deciso di pubblicarlo.

Non sta a noi giudicare la bontà del risultato, del quale riconosciamo certamente i limiti, derivanti, ad esempio, dal non avere potuto rappresentare tutte le discipline che avrebbero avuto molto da dire e aggiungere al tema della globalizzazione (la sociologia o le scienze politiche, tanto per citarne qualcuna). Siamo però certamente soddisfatti sia di avere contribuito in maniera non preconcetta né dogmatica a un dibattito tanto attuale e importante, sia di essere riusciti a volgere in positivo gli eventi negativi che ci hanno riguardato.

Saremmo felici se questa iniziativa, rivolta allo studio della globalizzazione o di un diverso tema di interesse generale, fosse continuata da altri colleghi, mossi dal nostro stesso spirito di curiosità, dialogo e apertura verso i campi di studio degli altri e consapevoli come lo siamo noi del fatto che le risposte ai temi complessi, inevitabilmente multidisciplinari, che ci troviamo ad affrontare non possono essere ottenute all'interno delle singole aree di ricerca, ma devono necessariamente nascere dalla collaborazione fra competenze diverse.

Pompeo Della Posta
Anna Maria Rossi

Indice

PARTE SECONDA:
Salute, ambiente e globalizzazione

Elenco degli autori

GIANLUCA BRUNORI
Dipartimento di Agronomia e
Gestione dell'Agro-ecosistema
Università di Pisa

LUCA CECCHERINI-NELLI
Dipartimento di Patologia Sperimentale BMIE
Università di Pisa

PIERLUIGI CONSORTI
Centro Interdisciplinare di Ateneo
"Scienze per la Pace" (CISP)
Università di Pisa

POMPEO DELLA POSTA
Dipartimento di Scienze Economiche
Università di Pisa

ALESSANDRO FRANCO
Dipartimento di Energetica "L. Poggi"
Facoltà di Ingegneria
Università di Pisa

ROSSANO MASSAI
Dipartimento di Coltivazioni e Difesa
delle Specie Legnose "G. Scaramuzzi"
Università di Pisa

PAOLA NIERI
Dipartimento di Psichiatria, Neurobiologia,
Farmacologia e Biotecnologie
Università di Pisa

SANDRO PACI
Dipartimento di Ingegneria Meccanica,
Nucleare e della Produzione (DIMNP)
Università di Pisa

MARTA PAPPALARDO
Dipartimento di Scienze della Terra
Università di Pisa

DANIELA REALI
Dipartimento Patologia Sperimentale,
Biotecnologie Mediche,
Infettivologia, Epidemiologia
Università di Pisa

ANNA MARIA ROSSI
Dipartimento di Biologia
Università di Pisa

Ringraziamenti

Il progetto di ricerca che ha portato al convegno "Effetti, potenzialità e limiti della globalizzazione: una visione multidisciplinare" e alla successiva pubblicazione dei lavori in esso presentati deve molto a diverse autorità e istituzioni che hanno contribuito in vario modo al suo finanziamento e che ringraziamo: il Rettore dell'Università di Pisa, Professore Marco Pasquali, il Consiglio di Amministrazione dell'Università di Pisa, la Provincia di Pisa (Servizio Politiche del Lavoro) con la collaborazione del Comitato Provinciale Unicef di Pisa, la Regione Toscana, l'Unione Europea (Fondo Sociale Europeo), il Ministero del Lavoro e delle Politiche Sociali, e la Onlus "Noi per l'Africa".

Desideriamo inoltre ringraziare tutti coloro che si sono adoperati per la riuscita dell'iniziativa: il Preside della Facoltà di Economia, Professore Massimo Augello, che ha accolto con immediato favore la nostra richiesta di ospitare il convegno nell'Aula Magna della Facoltà; il Servizio Politiche del Lavoro della Provincia di Pisa, in particolare il Dottore Sergio Castelli e tutto il personale dell'Università di Pisa e delle altre istituzioni interessate che ha collaborato a vario titolo al progetto.

Introduzione

Pompeo Della Posta e Anna Maria Rossi

Negli ultimi anni il tema della globalizzazione ha ricevuto una notevole attenzione ed è stato affrontato non soltanto dal punto di vista economico, ma anche da quello sociologico, antropologico, letterario, per citarne solo alcuni. Nonostante l'abbondante produzione di lavori sul tema, gli autori di questo volume hanno comunque ritenuto utile proporre un loro contributo caratterizzato da un approccio multidisciplinare, volto a integrare settori solo apparentemente lontani fra loro, come è facile dimostrare.

Proprio nel momento in cui le società diventano sempre più multietniche e le migrazioni portano persone di religioni diverse a convivere in ogni parte del globo (sebbene nel passato abbiano avuto luogo movimenti migratori di ben maggior portata), paradossalmente sembra che nuove guerre di religione infiammino il mondo islamico, quello cristiano e quello ebraico. Tali conflitti sembrano anche separare, almeno a una prima lettura superficiale, i Paesi che adottano sistemi democratici dagli altri (vedi il capitolo di Pierluigi Consorti pubblicato in questo volume).

Sono in molti, tuttavia, a interpretare questi scontri semplicemente come il risultato di una lotta globale per il controllo delle fonti energetiche, la cui limitatezza diviene sempre più evidente (del tema dell'energia si occupano Alessandro Franco e Sandro Paci in due diversi contributi).

Gli scontri armati sono spesso associati a quelli commerciali, determinati dalla lotta per il controllo dei mercati internazionali. In effetti, nonostante la teoria economica suggerisca che il commercio internazionale aumenti quasi sempre il benessere di ciascuno stato partecipante, come già insegnava Adam Smith, in molti casi i diversi rapporti di forza rischiano di impedire lo sviluppo, prima ancora che la crescita, dei Paesi più poveri del mondo. Idee e principi teorici, accettati e difesi strenuamente in determinati contesti, vengono dimenticati o ignorati in altri, quando la loro applicazione non risulta conveniente. Ciò porta, per esempio, i Paesi sviluppati a mantenere rigide barriere commerciali nei confronti dei prodotti provenienti dal Sud del mondo e a richiedere con forza il libero commercio per i prodotti nei quali dispongono di ampi vantaggi competitivi (ne tratta Pompeo Della Posta).

La questione è certamente complessa e soggetta a interpretazioni e punti di vista diversi. Gli elevati costi di produzione dei Paesi sviluppati rispetto a quelli dei Paesi in via di sviluppo o sottosviluppati, per esempio, rischiano di condurre alla sparizione delle produzioni agricole nei primi, con possibili pesanti ricadute negative sull'assetto e la gestione del loro territorio. Allo stesso tempo, la produzione agricola globalizzata ha condotto, come rilevano Massai e Brunori, all'impoverimento della ricca varietà di frutta presente sulle nostre tavole solo alcuni decenni fa.

L'importazione di prodotti animali e vegetali da altri Paesi, non sempre soggetti ai controlli rigorosi che caratterizzano i nostri Paesi – e per tale ragione fonte di possibile discriminazione commerciale – rischia inoltre di diffondere patologie altrimenti assenti sul nostro territorio nazionale, come argomenta Daniela Reali. D'altro canto, le uniche opportunità per i Paesi sottosviluppati, molto spesso ancora limitati a un reddito pro-capite inferiore a un dollaro di potere d'acquisto al giorno, sono rappresentate dalla produzione ed esportazione dei prodotti nei quali godono di un vantaggio competitivo, vale a dire proprio le materie prime e i prodotti agricoli: la protezione della nostra salute attraverso l'imposizione di standard sanitari eccessivamente rigidi - e quindi difficilmente raggiungibili dai Paesi meno sviluppati - rischia di impedire la produzione e l'esportazione dei loro prodotti, con conseguenze drammatiche su popolazioni che non hanno ancora risolto il problema della fame. Il quadro è reso ancora più complesso dalla considerazione che la specializzazione nella fornitura di materie prime e prodotti agricoli rischia di intrappolare questi Paesi in produzioni a basso tasso di crescita della produttività facendo così aumentare nel tempo il divario nei confronti dei Paesi sviluppati.

Tali situazioni di sottosviluppo, che interessano ancora il continente africano (ma anche parti dell'America Latina e dell'Asia), inevitabilmente impediscono un accesso adeguato alla cura delle malattie (ne discute Paola Nieri), prima fra tutte l'AIDS (di cui tratta il capitolo di Luca Ceccherini-Nelli), contribuendo a fare sì che, ad esempio in Africa, gli indici relativi all'aspettativa di vita o al tasso di mortalità infantile subiscano un peggioramento, a differenza di quanto accade nel resto del mondo. Del resto, come sostiene un economista autorevole come Jeffrey Sachs, proprio tali situazioni endemiche rischiano di essere la causa del permanere del sottosviluppo, contribuendo a creare e alimentare una pericolosa e non risolvibile spirale negativa.

In questo quadro il ruolo della ricerca scientifica e dell'innovazione tecnologica può essere di importanza cruciale per fornire nuovi strumenti per la lotta alle malattie e come volano dello sviluppo produttivo (ne sottolinea l'importanza il capitolo di Anna Maria Rossi).

È inevitabile inoltre, parlando di globalizzazione, affrontare il tema dei cambiamenti climatico-ambientali, verosimilmente indotti dalle emissioni causate dall'intensificazione esponenziale dell'attività produttiva nel mondo (il capitolo di Marta Pappalardo affronta questo argomento).

I temi esposti in questo breve excursus sono affrontati in dettaglio nei capitoli che compongono questo volume, che è stato suddiviso in due parti aggregando le diverse presentazioni intorno a due temi di più vasta portata. La prima parte, dal titolo "Religioni, economia e produzione nella fase attuale della globalizzazione" comprende i lavori di Pierluigi Consorti, Pompeo Della Posta, Alessandro Franco, Sandro Paci, e di Rossano Massai e Gianluca Brunori e, come è facile comprendere, si occupa degli aspetti della globalizzazione più legati alle scienze sociali ed economiche. La seconda parte, dal titolo "Salute, ambiente e globalizzazione" raccoglie invece i lavori di Daniela Reali, Luca Ceccherini-Nelli, Paola Nieri, Anna Maria Rossi e Marta Pappalardo e si occupa di aspetti fondamentali dell'attuale fase di globalizzazione, quali la prevenzione, la diffusione e la cura delle malattie da un lato e i cambiamenti climatico-ambientali dall'altro.

Per orientare il lettore verso una migliore fruizione dei contributi, diamo qui una breve sintesi dei contenuti di ciascun capitolo.

Nel primo capitolo, dal titolo "Religioni e democrazia nel processo di globalizzazione", Pierluigi Consorti osserva come la globalizzazione abbia relegato in secondo piano il concetto di Stato, costretto a lasciare il posto a figure giuridiche e autorità di volta in volta "competenti" su un aspetto o sull'altro piuttosto che "sovrane" su un determinato territorio. È questo senz'altro il caso delle autorità religiose, che sembrano influenzare intere aree geografiche indipendentemente dai loro confini politici. L'autore rileva, inoltre, la contraddizione esistente fra il riconoscimento quasi dogmatico del valore della democrazia nel mondo occidentale e la pratica seguita nei diversi ordinamenti religiosi, che nella loro quasi totalità seguono modelli assolutistici e certamente non democratici, che accomunano, per esempio, il Cristianesimo, l'Islam, l'Induismo e il Buddismo. Nella volontà, spesso ribadita da parte del mondo occidentale, di "esportare la democrazia" egli individua quindi una notevole ambiguità, visto che tale volontà viene rivolta verso determinate situazioni e contesti, ma non verso altri.

Nel secondo capitolo, dal titolo "Effetti, limiti e potenzialità della globalizzazione: il quadro economico", Pompeo Della Posta tratta esplicitamente degli effetti, dei limiti e delle potenzialità economiche della globalizzazione. Per quanto riguarda gli effetti, egli rileva che se da un lato il numero assoluto dei poveri *estremi* nel mondo è rimasto sostanzialmente costante, dall'altro la loro percentuale rispetto alla popolazione mondiale è diminuita, come ben si comprende pensando al recente impetuoso sviluppo della Cina e dell'India, il che indurrebbe a guardare con favore ai risultati della globalizzazione. Certamente negativo è tuttavia il giudizio se si osservano realtà come quella dell'Africa Sub-Sahariana e di alcune aree dell'America Latina e dell'Asia Centrale, dove i poveri sono aumentati sia in termini assoluti che percentuali o dove l'aspettativa di vita alla nascita o il tasso di mortalità infantile hanno subito un peggioramento. I limiti che l'autore rileva sono, fra gli altri, quelli derivanti dal fatto che la globalizzazione è spesso intesa in maniera diversa a seconda degli interessi in gioco (un elemento in comune, dunque, con il contributo di Consorti), per cui molte delle critiche che le vengono rivolte sono in realtà critiche al modo in cui le teorie economiche vengono applicate in concreto. Le potenzialità, infine, sono molte e certamente anche positive, purché si riconosca il ruolo di guida e di correzione delle molte imperfezioni del mercato che dovrebbe svolgere una politica economica volta all'esclusivo interesse dei cittadini.

Nel terzo capitolo, dal titolo "Globalizzazione e politiche dell'energia: prospettive e motivi di incertezza", Alessandro Franco analizza i problemi delle politiche dell'energia in un mondo globalizzato. Dopo aver delineato il contesto attuale, caratterizzato dal fatto che le riserve di petrolio e di gas naturale cominceranno presto a esaurirsi proprio in coincidenza dell'aumento dei consumi mondiali, egli ipotizza gli scenari futuri maggiormente plausibili sia dal punto di vista delle fonti primarie, sia degli usi finali. In particolare, se da un lato il mondo sviluppato potrebbe gradualmente ridurre il consumo di energia grazie al peso sempre maggiore che assumerà il settore dei servizi, i Paesi in via di sviluppo certamente ne aumenteranno la domanda. Dalla sua analisi emergono con chiarezza elementi di forte incertezza circa la disponibilità di adeguate fonti energetiche. Ciò richiede che il problema venga affrontato "senza eccessivi allarmismi, ma anche senza ricette semplicistiche", anche in considerazione del fatto che a suo avviso sono difficilmente individuabili delle innovazioni capaci di mutare in misura sostanziale e in tempi brevi il quadro attuale.

Nel quarto capitolo, dal titolo "Il 'Rinascimento Nucleare' sarà trainato dalla globalizzazione economica?", Sandro Paci si sofferma sull'attuale forte rinascita di interesse verso l'impiego dell'energia nucleare per la produzione di energia elettrica, anche da parte di nazioni che, come l'Italia, avevano rinunciato a tale opzione. Egli sottolinea il fatto che la riduzione nei costi dell'energia elettrica prodotta utilizzando centrali nucleari, dovuta principalmente all'accorciamento dei tempi di costruzione delle centrali stesse, le maggiori garanzie di sicurezza fornite dai nuovi impianti di Generazione III e IV e, in concomitanza, l'aumento del prezzo del petrolio potrebbero portare a una forte affermazione del nucleare nei prossimi venti anni. Particolare impulso a tale rinascita potrebbe derivare proprio dalle caratteristiche globali dell'economia attuale, che sempre più permetterà la formazione di consorzi internazionali per la realizzazione di nuovi impianti commercializzati su scala mondiale, portando a un forte aumento del volume degli scambi di tecnologia nucleare.

Nel quinto capitolo, dal titolo "Sviluppo rurale e caratteristiche dei mercati frutticoli nell'economia globalizzata", Gianluca Brunori e Rossano Massai osservano come la globalizzazione abbia comportato una profonda ristrutturazione del sistema agro-alimentare a livello mondiale. In particolare, gli autori rilevano come il progresso tecnologico, in primo luogo le tecniche di trasporto e di conservazione e le nuove tecnologie informatiche, permettano oggi al consumatore di mangiare frutta fresca e vegetali prodotti nell'altro emisfero. Tale processo è guidato dalle grandi catene di supermercati, che tuttavia spingono verso l'omogeneizzazione dei prodotti e la diminuzione delle specie coltivate e commercializzate. Questi fenomeni causano, nel Nord del mondo, la forte riduzione e perfino la scomparsa di determinate produzioni agricole e, parallelamente, nel Sud del mondo, una forte concentrazione della produzione e la scomparsa dei piccoli produttori. Inoltre, la perdita della stagionalità del consumo aumenta i problemi dei produttori locali e, privilegiando il soddisfacimento di standard per il trasporto e la conservazione piuttosto che il gusto dei prodotti agricoli, comporta spesso un peggioramento delle loro caratteristiche organolettiche. Evidenti sono le implicazioni negative derivanti da tale situazione in termini di inquinamento, di consumo di energia per il trasporto e di perdita di biodiversità e di qualità dei prodotti. Gli autori forniscono comunque alcune possibili indicazioni, in parte già seguite dai produttori dei Paesi sviluppati, basate sostanzialmente sulla valorizzazione delle produzioni locali attraverso l'impiego di tecniche di coltivazione biologica o attraverso campagne di informazione del pubblico, volte al superamento dei problemi evidenziati in precedenza.

Nel sesto capitolo, dal titolo "Tutela della sicurezza alimentare per il consumatore globalizzato", Daniela Reali traccia una panoramica dei nuovi rischi sanitari che derivano dalla diffusione di alimenti provenienti da ogni parte del mondo. Le patologie di origine alimentare sono in preoccupante aumento a causa della presenza di microrganismi patogeni, di tossine prodotte dagli stessi microrganismi e di contaminanti e additivi chimici, come residui di fitofarmaci e sostanze conservanti. Una persona su tre rischia ogni anno di contrarre un'intossicazione alimentare per l'uso di derrate alimentari contaminate in circolazione sui mercati mondiali e il 5% può andare incontro a gravi rischi per la salute. Per fronteggiare un fenomeno di così vasta portata è necessario adottare strategie nuove, volte ad armonizzare i differenti standard di qualità e di sicurezza alimentare, che vadano a sostituire i sistemi di controllo in uso in varie nazioni fino agli inizi degli anni Novanta. Questi ultimi erano più adatti a sistemi produttivi localizzati e poco globalizzati e a una distribuzione meno articolata di quella attuale. Solo un'efficiente rete di sorveglianza sanitaria nazionale e sovranazionale, sempre più estesa ed armonizzata, con operatori culturalmente e tecnologicamente ben addestrati potrà prevenire il diffondersi di patologie acute o croniche a eziologia alimentare nella popolazione.

Nel settimo capitolo, dal titolo "Globalizzazione in medicina: l'emergenza HIV", Luca Ceccherini-Nelli ripercorre la storia della diffusione dell'AIDS e dei progressi scientifici registrati nella lotta alla malattia, attraverso le tappe che hanno portato alla caratterizzazione dell'agente infettivo, il virus HIV, permettendo una diagnosi rapida e attendibile, allo sviluppo di farmaci capaci di limitare la progressione della malattia e la sua trasmissione, alla sfida, ancora aperta, per l'allestimento di vaccini efficaci per la prevenzione e, infine, alle iniziative di cooperazione internazionale intraprese per far fronte all'epidemia che da tempo ha assunto una dimensione planetaria. Diverse organizzazioni sono nate per offrire una risposta globale adeguata alla diffusione altrettanto globale dell'infezione, considerato che la proiezione per il 2010 è di 50-75 milioni di persone infette. Il percorso conduce a una attenta riflessione sulla lezione che abbiamo imparato dall'AIDS e che ci dovrebbe permettere di far fronte all'emergere di agenti infettivi "nuovi" (prima non riconosciuti) e al riproporsi di altri già noti, che minacciano di scatenare nuove epidemie, favorite dai cambiamenti climatici e dalla alterazione degli ecosistemi come pure dalle mutate condizioni di vita (esplosione demografica, promiscuità sessuale, elevata mobilità delle persone e delle merci, abuso di droghe, ecc.).

Nell'ottavo capitolo, dal titolo "Farmaco terapia e mondo globale: dalla mancanza di farmaci salvavita nei Paesi in via di sviluppo, alle farmacie online", Paola Nieri ci induce a riflettere sull'apparente paradosso che vede la difficoltà di accesso ai farmaci nei Paesi poveri, da una parte, e l'abuso dei medicinali nel mondo industrializzato, dall'altra. Questi rappresentano, invero, i due volti di una stessa realtà, quella di un mondo globalizzato che non guarda realmente all'armonizzazione del nostro pianeta ma che, guidato dalla logica del profitto, introduce ulteriore squilibrio nella salvaguardia del diritto alla salute di tutti. La difficoltà di accesso ai farmaci è una delle cause, insieme alla malnutrizione, alla precarietà igienica, alla presenza di conflitti e al basso livello di istruzione, della grave situazione sanitaria nei Paesi più svantaggiati. Nonostante la sfida, lanciata dall'OMS, già dal 1977, a favore della disponibilità dei farmaci essenziali per tutti i cittadini del pianeta, il divario nell'accesso alle cure tra Paesi disagiati e Paesi industrializzati rimane ancora incolmabile, in buona parte per ragioni di natura economica, in particolare per i prezzi troppo onerosi e a causa del regime di monopolio dei brevetti. L'autrice si sofferma anche su altre problematiche legate alla disponibilità dei farmaci, che vanno dai traffici illegali alla contraffazione, che anche grazie al commercio *on-line* (le *cyberpharmacies*) hanno raggiunto livelli assai preoccupanti su scala globale e rischiano di favorire anche l'abuso di medicinali, con gravi conseguenze per la salute.

Nel nono capitolo, dal titolo "Globalizzazione e salute: nuove prospettive e nuovi rischi nell'era della genomica", Anna Maria Rossi prende in considerazione il rapporto tra globalizzazione e salute, sottolineando come le enormi disparità tra i Paesi a diverso livello di sviluppo si frappongano al raggiungimento di una buona salute globale. Tra le varie strategie di intervento, che prevedono il potenziamento delle strutture sanitarie, dei sistemi scolastici e dei servizi per il risanamento ambientale, l'autrice evidenzia il ruolo della ricerca e dell'innovazione tecnologica per tradurre le nuove acquisizioni scientifiche in prodotti accessibili e a basso costo, destinati a combattere le malattie più comuni. In particolare, viene posto l'accento sulle prospettive più immediate di sviluppo di metodi diagnostici, vaccini e farmaci utilizzando i progressi scientifici legati alla genomica e alle biotecnologie. Da una parte si riscontra uno scarso interesse delle multinazionali farmaceutiche, che in larga misura indirizzano e condizionano la ricerca in questo settore, a sviluppare vaccini e farmaci destinati a combattere le malattie più diffuse nel Sud del mondo, dall'altra stanno prendendo piede programmi di cooperazione internazionale, come quelli sostenuti dal Canada, e di iniziativa locale da parte di Paesi emergenti, come l'India, il Brasile o la Cina, che hanno fortemente incentivato lo sviluppo di un proprio settore *biotech* per rispondere ai bisogni e alle priorità sanitarie nazionali con l'ausilio della genomica.

Infine, nel decimo capitolo, dal titolo "Il contributo delle Scienze della Terra alla conoscenza dei cambiamenti climatico-ambientali su scala globale", Marta Pappalardo presenta alcuni aspetti del dibattito sui cambiamenti climatici e sulle sue cause, che vede contrapposti fautori e detrattori delle tesi sul contributo dei gas antropogenici al riscaldamento globale. Nel dibattito intervengono gli esperti del settore ma anche le autorità politiche, consapevoli di quanto le tematiche ambientali possano essere destabilizzanti per gli equilibri politici. Nel metterci in guardia rispetto a letture in chiave catastrofista degli scenari ambientali del futuro, l'autrice osserva che il sistema climatico è estremamente complesso, dipendente da fattori non ancora completamente noti, e che non esiste ancora un modello consolidato sul quale la comunità scientifica abbia trovato un accordo. Lo sviluppo di metodologie affidabili per ricostruire le vicende climatico-ambientali del passato rappresenta, quindi, un obiettivo prioritario per la definizione di un modello solido senza il quale ogni interpretazione è puramente speculativa. Vengono perciò passati in rassegna alcuni fra i principali indicatori delle modificazioni subite dal clima nel tempo, tra i quali le trasformazioni dei ghiacciai, le variazioni del livello del mare, l'estensione degli anelli di accrescimento degli alberi (la dendrocronologia) e per ciascuno di questi strumenti sono illustrati i principi di utilizzo e sintetizzati i maggiori risultati raggiunti in ambito internazionale. Attraverso l'uso degli indicatori è possibile ricostruire il comportamento del sistema climatico nel passato e fornire modelli utili per l'estrapolazione sul nostro futuro di abitanti del pianeta Terra.

Speriamo e anzi crediamo fortemente che i contributi che abbiamo succintamente riassunto e che compongono questo volume forniscano uno sguardo d'insieme sul tema della globalizzazione che sia da un lato originale, proprio in virtù dell'approccio multidisciplinare che è stato seguito, e dall'altro facilmente accessibile a tutti, in particolare a coloro che desiderano conoscere meglio la realtà dei nostri giorni senza rassegnarsi ad accettarne gli aspetti negativi.

PARTE PRIMA:
Religioni, economia e produzione nella fase attuale della globalizzazione

1. Religioni e democrazia nel processo di globalizzazione

PIERLUIGI CONSORTI

1. Introduzione

La globalizzazione sembra essere diventata la chiave di lettura del presente e l'inevitabile riferimento per pensare al futuro. Tuttavia, quando si cerca di puntualizzarne alcuni riferimenti di base – necessari per avviare una ricerca scientificamente corretta – ci si scontra con la difficoltà di chiarire i dati di partenza, frammentati tra richiami diversi a elementi difficilmente riconducibili ad unità[1].

Per questa ragione, prima di descrivere il rapporto fra democrazia e religioni, è necessario chiarire l'attinenza di questo tema con la questione della *globalizzazione*, generalmente considerata un fenomeno sostanzialmente economico, dato che la costituzione di un unico mercato mondiale ne costituisce l'aspetto più evidente. In realtà la globalizzazione non tocca solo l'economia, ma tutti i settori della vita sociale. Si tratta infatti di un fenomeno trasversale causato dall'accorciamento delle distanze, diventate di fatto più brevi grazie alla maggiore velocità dei collegamenti e all'uso delle nuove tecnologie. Per questo alla globalizzazione corrisponde una sorta di "fine della geografia": [2] vale a dire una minore importanza dello spazio e del territorio come elementi di identificazione dei gruppi e dei popoli. Tale "fine della geografia" investe ambiti molto vasti: le idee, i modi di pensare, le tradizioni culturali, politiche e religiose vanno delocalizzandosi, incontrandosi e scontrandosi più velocemente di quanto accadesse in passato modificando molti punti tradizionali di riferimento.

---

[1]Cardini [1, p. 17], a tal proposito mette in guardia circa un «imperfetto esercizio definitorio».

Si tratta di un fenomeno vasto e complesso che deve essere affrontato con un approccio transdisciplinare[2]; perciò parlare del rapporto fra democrazia e religioni non solo appare pertinente, ma necessario per comprendere la complessità della globalizzazione.

2. Teologia, mercato, identità

Prima di affrontare direttamente il tema, desidero fare riferimento a due elementi di carattere introduttivo che ritengo particolarmente significativi per avviare questa riflessione: l'*interpretazione teologica del mercato*, che si è fatta sempre più pervasiva, e la tendenza alla *sottolineatura delle particolarità come fattore di identità collettiva*.

Sul rapporto fra teologia e mercato è stato scritto molto: in ambito cristiano non si tratta di una riflessione nuova[3]. Bisogna però segnalare come negli anni più recenti sia tornata a farsi strada una "visione cristiana" dell'economia di mercato [8–11]. Questa tendenza (che pure riceve molti contributi critici [12]) contribuisce a consolidare l'impressione che l'economia sia la «sola struttura portante dell'ordine sociale»[4]. L'importanza dell'economia appare così molto spesso sopravvalutata; se ne enfatizza oltremodo la presunta "forza taumaturgica", quasi che la leva economica costituisca l'unico strumento per contrastare il malessere sociale e risolvere le difficoltà dello sviluppo [14, p. 3]. Seguendo questa impostazione la crescita del benessere risulta affidata alla sola competizione economica; si finisce così

---

[2]La disputa terminologica è ancora in corso, specie fra i cultori delle scienze sociologiche. Per brevità, si può schematizzare così: l'approccio multidisciplinare è quello proposto dalle tradizionali facoltà universitarie: diverse discipline omogenee sono poste le une accanto alle altre, senza doversi necessariamente toccare. L'approccio interdisciplinare avviene quando queste discipline invece si toccano e interferiscono, mantenendo però ciascuno la propria metodologia; l'approccio transdisciplinare è quello che vede discipline, anche diverse fra loro, dialogare e interferire fornendo ciascuna apporti propri in una comune direzione di ricerca.
[3]Basti pensare all'opera classica di Weber [3]. Cfr. anche Guiducci [4] e l'opposta tesi di Tawney [5] e Landes [6] che per certi versi seguono un orientamento intermedio (sul punto cfr. anche Marconi [7], pp. 204 ss.).
[4]Padoa Schioppa [13, p. 23] ad esempio segnala «il contrasto tra ciò in cui il mondo è già unito e ciò in cui è diviso. Unito negli scambi economici e finanziari, nel rischio climatico, nel pericolo nucleare, nella minaccia che la vita scompaia dal pianeta; diviso dalla rivalità tra Paesi, dai divari delle condizioni di vita, dall'assenza di strumenti per impedire il degenerare dei conflitti economici, politici e religiosi».

col guardare alla società civile come ad un enorme mercato[5]. Le persone – i "cittadini", secondo un certo linguaggio politico – sono degradati a soggetti economici (più esattamente, *consumatori*), portatori di *interessi* invece che di *diritti*.

È poi sotto gli occhi di tutti che la globalizzazione, insieme a un accresciuto benessere, ha provocato anche disgregazione sociale e ha mancato di sanare molte ferite del mondo, specie di quello più povero. Ad esempio, con la globalizzazione è cresciuto in modo esponenziale il divario fra Nord e Sud (vedi Capitolo 2). Molto spesso i popoli più poveri hanno reagito ripiegandosi sulle proprie particolarità. L'impossibilità di accedere al ruolo di consumatori del mondo globalizzato ha favorito la sottolineatura delle differenze. In altri termini, mentre nel mondo ricco la globalizzazione tende a rendere meno significative le diversità culturali, sociali o religiose, in quello povero questi elementi cementano i legami dei gruppi sociali recuperando il mito del ritorno alle origini, percepito come un fattore che caratterizza l'identità di gruppi che condividono uno stesso territorio[6].

In questo modo – potremmo dire *nonostante* la globalizzazione – il territorio torna a essere un punto di riferimento delle identità collettive. E anche le religioni, che pure ambiscono a coprire un ruolo universale e perciò transnazionale, di fatto si radicano in esperienze territorialmente caratterizzate. Del resto, pur trattandosi prevalentemente di un luogo comune (talvolta errato) non c'è dubbio – ad esempio – che il cristianesimo sia principalmente percepito come una religione occidentale e il buddismo come una religione orientale; ovvero lo scintoismo come una religione giapponese e l'animismo come un'esperienza africana, e via dicendo. Anche se in tutti questi casi le interferenze e le intersezioni sono maggiori di quanto si possa immaginare, si tende a localizzare le identità collettive contrastando la tendenza avviata con la globalizzazione, che pure qui è invece intervenuta modificando assetti e riferimenti tradizionali[7] [16, pp. 29].

---

[5]In forte antitesi con la tesi di F. Caffè, secondo il quale una società giusta e umana può essere soltanto il risultato di un forte impegno individuale e collettivo, il frutto della nostra audacia intellettuale, della nostra consapevolezza che non esistono meccanismi auto-regolamentatori e che il mercato non aggiusta affatto le cose da sé. Occorre non attendersi che i grandi processi di unificazione mondiale portino di per sé alla centralità dell'uomo (traggo questa osservazione da Botta [14], loc. cit.)

[6]«Indubbiamente, nel mondo globalizzato, culture, etnie, religioni hanno assunto un ruolo molto più rilevante, ma proprio per questo non è affatto realistico ignorare l'estrema complessità che ne scaturisce, soprattutto quando si cerca di intuire l'esito finale dei tanti problemi di oggi» (Giovagnoli [15], p. VII).

[7]Nota Bein Ricco [17, p. 28], che le religioni tendono a costituirsi come ghetti senza comunicazione con gli altri gruppi sociali.

3. Stati e identità collettive fra Occidente e Oriente

Tenendo conto di questo quadro sociale di sfondo, osserviamo anche che il processo di globalizzazione ha relativizzato alcuni concetti in precedenza intesi come assoluti. Penso – fra gli altri – alle idee di *stato, sovranità* o *autonomia*, che nel loro insieme appaiono strettamente connesse alla questione della democrazia, quest'ultima a sua volta interdipendente con altri modi di essere di una civiltà, come vedremo più avanti.

Dal punto di vista giuridico questa relativizzazione di concetti assoluti ha prodotto una crisi dell'idea liberale dello stato di diritto: un'istituzione figlia del pensiero politico occidentale che, attraverso un percorso plurisecolare, è stata spogliata della legittimazione divina (*omnis potestas a deo* [ogni potere deriva solo da Dio]), per acquistarne una "umana" [18, p. 8]. La sovranità dello stato oggi non appartiene più né a Dio né ai re, ma ai popoli. Questo è esattamente il risultato del processo di istituzionalizzazione di realtà nazionali omogenee[8]. Gli stati contemporanei sono nati infatti attraverso processi di indipendenza delle nazioni, ossia gruppi socialmente omogenei per lingua, cultura o religione.

La crisi dello stato liberale è quindi anche la crisi della sovranità popolare e della democrazia. Le odierne rivendicazioni d'identità si presentano però in modo diverso dal passato. Hanno perso valore politico e mostrano un contenuto prevalentemente culturale. Solo in casi minoritari i gruppi etnici o religiosi chiedono di "statualizzarsi"; in genere preferiscono pretendere il riconoscimento della loro identità *all'interno* degli stati [20]. Questi ultimi a loro volta appaiono deboli. Non sempre sono in grado di metabolizzare riconoscimenti espliciti, avvertiti come ulteriori fattori di crisi e la presenza di identità plurime ed eterogenee gravanti su un medesimo territorio, pertanto, viene avvertita come un ostacolo allo sviluppo della democrazia.

---

[8]Nota Casavola [19, pp. 87 s], che l'effettività del funzionamento degli schemi costituzionali contemporanei si basa su due presupposti: il primo riguarda la considerazione dei soli diritti individuali (quindi, non anche di quelli collettivi, se non in via indiretta come strumento dell'affermazione degli altri); il secondo impone «che lo stato sia lo stato nazionale della tradizione europea, cioè tutore di una società omogenea». Uno schema che pertanto non appare fungibile per ogni occasione, né esportabile.

Si deve ancora badare al fatto che l'odierna idea di democrazia non appare più direttamente collegata al suo rapporto con l'affermazione delle libertà e la garanzia dei diritti personali o collettivi[9]. Essa riguarda piuttosto la necessità di assicurare libertà al mercato attraverso l'affermazione di un modello capitalistico che, per la verità, non è sempre garante delle libertà e dei diritti [22]. Il recente ricorso alla forza armata in Iraq o in Afghanistan ci dice come l'affermazione della democrazia possa diventare un pretesto per assicurare altri interessi e vada paradossalmente di pari passo con l'affievolimento delle libertà [23].

Ciononostante, appare evidente che etnie, tribù, religioni, si presentano come soggetti collettivi portatori di identità che reclamano spazi pubblici sia verso gli stati occidentali – avviando dinamiche di riconoscimento dentro ordinamenti di fatto etnocentrici [24, pp. 9 ss] – sia verso gli stati collocati nell'altra metà del globo, i quali rispondono a principi diversi da quelli "occidentali".

4. Democrazia e religioni

Una riflessione sul rapporto fra democrazia e religione non può proseguire senza accennare alla scarsa accettazione del modello democratico negli ordinamenti confessionali. Muovendo da un'impostazione "teocentrica" – sebbene con colorazioni diverse a seconda dei riferimenti possibili – in genere gli ordinamenti confessionali assegnano un ruolo residuale alla democrazia, spesso confinata ai soli aspetti procedurali [25]. In linea di principio, nessuna religione ammette al suo interno l'espressione di forme di dissenso; né ci sono religioni democratiche in senso proprio (fatte le debite eccezioni, che riguardano alcune minoranze cristiane di matrice congregazionalista). Il più delle volte il richiamo che le religioni fanno al rispetto della democrazia appare strumentale alla creazione di una relazione pri-

---

[9]A questo proposito si è opportunamente osservato che «dal punto di vista geo-politico i diritti fondamentali appartengono all'Occidente bianco e cristiano, civilizzato e colonizzatore: sono strettamente connessi a una visione eurocentrica [...] sono diritti solo di alcuni gruppi/classi/etnie e soltanto in determinati spazi territoriali» Zakaria [21, p. 251].

vilegiata – oppure di indipendenza – rispetto al potere politico dominante. Una simile impostazione si riflette anche sugli ordinamenti civili che derivano da culture religiose, e che sovente presentano il rapporto con la democrazia e il pieno rispetto dei diritti fondamentali in termini conflittuali.

Pur senza accedere a pericolose generalizzazioni, si deve ammettere che nelle relazioni col potere civile le religioni sembrano preferire un modello unionista, finendo per accettare la democrazia soprattutto quando essa costituisce per loro un vantaggio. In questo senso è emblematico che la Chiesa cattolica abbia riconosciuto l'importanza dei diritti fondamentali e del principio democratico molto recentemente.

Ma quel che più conta mettere in luce in una prospettiva globalizzata è la stretta dipendenza che tutti i diritti di derivazione religiosa propongono in ordine alla compatibilità fra rispetto delle norme morali e rispetto di quelle giuridiche [26]. Il richiamo costante alla superiorità delle norme etico/religiose provoca la propensione a reclamare un loro tendenziale assorbimento nella sfera giuridico/civile, quasi che fossero "buone" e degne di essere rispettate solo le norme conformi ai dettami religiosi, e perfino proponendo l'illegittimità delle leggi che ne fossero difformi. Questo ragionamento – comune un po' a tutte le tradizioni religiose – finisce col vanificare il contenuto profondo della laicità, che appare un frutto del processo di secolarizzazione vissuto dall'Occidente cristiano, e non ancora pienamente maturato nell'altra metà del globo [27], e che a sua volta costituisce l'*humus* della democrazia.

Nelle democrazie occidentali questa complicata relazione fra il polo della legge civile e quello della religiosità appare ricomposta proprio attraverso il richiamo al principio di laicità – sebbene variamente inteso[10] – e l'assoluto rispetto della libertà religiosa [28–30]. Un paradigma, questo, ancora non pienamente compreso in Oriente, dove ancora si tende ad identificare Dio con Cesare[11].

---

[10]Non esiste una definizione univoca della laicità. Anche dal punto di vista giuridico si possono riscontrare modelli diversi di laicità: ad esempio quella francese è molto dissimile da quella italiana o da quella anglosassone. In molte lingue non esiste nemmeno un termine in grado di rendere il concetto di laicità. Tuttavia, si può assumere che la laicità consista essenzialmente nella separazione istituzionale della sfera religiosa da quella civile.

[11]In termini più espliciti, le autorità civili sono state a lungo ritenute vere e proprie incarnazioni della divinità, come ad esempio in Giappone, dove l'imperatore Hiro Hito – ancora nel secolo XIX – era venerato come un dio. Cfr. Huntington [31].

5. Democrazia e "valori asiatici"

Il rapporto fra democrazia e religione deve pertanto essere analizzato alla luce di questa complessità. Negli anni più recenti abbiamo cominciato a conoscere meglio la realtà islamica, ma non abbiamo ancora fatto uno sforzo adeguato verso le religioni geograficamente più lontane, e che tuttavia, in forza della già accennata fine della geografia, sono al tempo stesso molto vicine. Per queste ragioni desidero accennare al rapporto fra religione e democrazia con riferimento alle religioni orientali (cinese e giapponese), al buddismo e all'induismo. Insomma, cominciare a ragionare intorno alle «altre globalizzazioni» [32].

Comincerò dalla religione giapponese che, per come si è consolidata, può essere considerata la "più occidentale" delle espressioni spirituali asiatiche. Vorrei a questo riguardo limitarmi a considerare la sua influenza sui cosiddetti "valori asiatici", ossia «l'accento sulla comunità piuttosto che sull'individuo, il privilegiare l'ordine e l'armonia rispetto alla libertà personale, il rifiuto di emarginare la religione rispetto alle altre sfere della vita, un enfasi particolare sul risparmio e sulla frugalità, l'insistenza sul duro lavoro, il rispetto per la leadership politica, la convinzione che il governo e gli affari non debbano necessariamente essere avversari, e l'enfasi sulla lealtà familiare» [33].

È facile notare come i valori asiatici così intesi siano contrapposti a quelli proposti dall'Occidente globalizzante; tant'è vero che gli Autori della teoria degli *asian values* criticano le democrazie occidentali, ritenute comunque inefficaci e certamente non in grado di contribuire all'affermazione di tali valori [34]. Altri più precisamente contestano la democrazia proprio in quanto frutto dell'Occidente. Affermano espressamente che «il nostro mondo sempre più interconnesso ha bisogno di nuovi paradigmi di "libertà" e "democrazia"» [35, p. 25], capaci di assicurare il benessere alla popolazione favorendo lo sviluppo economico: un obiettivo per cui possono essere sacrificati diritti e interessi individuali (col solo limite dell'esercizio del potere elettorale) [*ibidem*].

Come si vede non si tratta di una critica radicale della democrazia; ma senza dubbio siamo di fronte alla volontà di distinguere una "via asiatica" alla democrazia rispetto a quella individuata in Occidente. Vale a dire una democrazia che non deriva dalle tradizioni europee, ma nasce dallo sviluppo endogeno delle tradizioni culturali asiatiche e fa assegnamento su valori propri, quali – ad esempio – la promozione della famiglia [36, pp. 189 ss] e la valorizzazione di un ideale cosmico «che estende ai cieli, alla terra e a tutte le cose un sentimento di fratellanza» [*ibidem*]. In altri termini, un sistema democratico che inverte i poli di interesse cari alla tradizione occidentale, poiché «i valori asiatici sono più attenti all'ordine e alla disciplina che alla libertà e ai diritti» [37, p. 152 ss].

Come si è accennato, la maggior parte degli esponenti di questa corrente pone a fondamento culturale e spirituale di queste tesi il confucianesimo [8], che «nella sua veste di filosofia morale sottolinea il valore dell'ordine e dell'armonia fondato sul riconoscimento dei doveri che l'individuo ha nei confronti dei diversi gruppi sociali cui appartiene, e all'interno dei quali svolge una specifica *funzione*»[12].

6. Democrazia e induismo

Un'altra tradizionale prospettiva religiosa orientale è quella induista, sulla quale si è radicato il buddismo[13]. Nella sua origine storica l'induismo individua l'espressione religiosa locale comune alle popolazioni che abitavano il continente asiatico intorno al fiume Indo. Esso conobbe una forte espansione pacifica verso l'Asia sudorientale: «iniziata nel II secolo d. C. e durata fino a circa il XVI secolo, è stata un fatto più politico che religioso. Non si trattava di convertire [...] bensì di imporre o di far imitare gli usi indiani, di far adottare ai principi e alla classe dirigente di quei Paesi quella forma di regalità corrispondente all'ideale indù, come la coppia *brahmana-kshatriya*, il culto del *linga*, l'aspetto sivaita del concetto di sovranità» [40, p. 32]. Curiosamente, non si registrano influssi induisti verso Occidente. Né l'arte egiziana, né la letteratura greca né quella latina fanno cenni all'induismo, che pure era presente da secoli, e che appare solo nella letteratura cristiana del II secolo, e già nella sua variante buddista.

---

[12]Milner [33, p. 214]. In questa sede non è possibile porre in questione una simile affermazione, anche se si deve considerare che il confucianesimo non conosce un'estensione asiatica "universale" – essendo piuttosto limitato all'Asia orientale – e gli stessi *asian values* dovrebbero forse essere intesi come *far eastern values*. Ma non v'è dubbio che tra confucianesimo e questi valori asiatici vi sia una stretta connessione, dovuta anche alla necessità di ravvisare la compatibilità tra tali principi spirituali e la struttura industriale da un lato, e la competizione economica di tipo capitalista dall'altro, che contraddistinguono questa area del mondo. Cfr. Tu [39].
[13]Anche se dal punto di vista indu quest'ultimo è considerato un'eresia (Coomaraswamy [40, p. 30]), come pure il jainismo (cfr. Dundas [41]).

L'induismo appare quindi come un fenomeno assolutamente orientale, che ha dato luogo a successive commistioni di elementi già comuni a culture diverse. «Il nome stesso dell'Indocina illustra chiaramente il destino storico di una regione nella quale la cultura indiana e la cinese si sono incontrate in vario modo, con prevalenza in genere della prima, ma per esempio nel Vietnam dell'altra, senza però che venisse meno l'apporto autonomo delle popolazioni locali» [42, p. 32].

La società induista è notoriamente organizzata in caste; si tratta di un elemento presente in molte tradizioni dell'antichità: tuttavia nell'induismo appare così radicato da renderlo un tratto caratteristico della sua spiritualità. Il sistema giuridico induista ancora regola le relazioni sociali sulla base di una logica fortemente gerarchizzata[14], che rende difficile a occhi occidentali ravvisare una compatibilità tra induismo e democrazia.

Un ulteriore elemento di incompatibilità si ravvisa in alcune pratiche religiose; specialmente nel *sati,* che vuole che la vedova arda – viva – sulla stessa pira sulla quale brucia il cadavere del marito [44].

Tuttavia, pur conservando gli elementi appena riferiti, l'induismo propone alcuni valori universali – beninteso, all'interno dello stesso induismo – fra cui spiccano la veridicità e l'*ahimsa*[15] che ne hanno favorito la percezione occidentale in modo assai stereotipato come una religione della non-violenza. In questo modo se ne trascura la complessità. L'induismo al contrario è semplicemente la religione degli indiani, ossia di oltre un miliardo di persone che parlano un centinaio di dialetti diversi, tanto che in realtà esistono molti induismi, fino al punto che alcune correnti si dichiarano convinte dell'esistenza di un unico Dio creatore di ogni cosa, in forte contrasto con l'originaria matrice politeista [46].

A ogni modo, l'ordine sociale induista – come accennato – è caratterizzato dalla centralità del rispetto della vita umana, intesa come convivenza fra gruppi distinti, e perseguita attraverso il rispetto di un ordine gerarchico ben determinato. Questo carattere discende da una visione antropologica comunitaria, dimostrata sia dalla divisione castale sia dal valore attribuito all'istituto matrimoniale e più in generale alla famiglia, da cui deriva una valorizzazione specifica dell'ereditarietà – anch'essa una cifra dell'induismo – che si traduce nell'immagine rituale che accompagna la sostitu-

---

[14]L'ereditarietà è qui intesa non per nascita, ma in senso istituzionale, cfr. Sharma [43].

[15]La prima intesa come «rispetto della fondamentale identità tra essere e verità, ma anche fedeltà alla parola data», e l'altra - genericamente resa con nonviolenza - letteralmente significa «assenza della volontà di nuocere». Cfr. Belforte [45].

zione da parte del figlio nell'attività lavorativa fino ad allora esercitata dal padre. Una successione che travalica i confini professionali ed assume connotati sociali e spirituali insieme. Il commiato del genitore dai figli costituisce il momento dal quale egli può finalmente procedere verso i successivi stadi dell'esistenza terrena. La successione del figlio lo libera, infatti, dai doveri connessi alla responsabilità familiare e lo indirizza prima verso lo stadio della povertà relativa e poi verso quello della povertà assoluta, che comporta una rinuncia totale al mondo.

Come si vede, anche i principi e le tradizioni indu appaiono poco compatibili con la prevalente cultura occidentale (se solo si pensa che la vita degli adulti è vissuta in funzione di una vecchiaia il più confortevole possibile). Ciononostante, la letteratura orientale individua nelle tradizioni induiste, e nella loro traduzione sociale, la realizzazione di una tipica forma democratica che viene volentieri contrapposta alla democrazia "*western*", resa col termine "repubblicanesimo" proprio per sottolinearne la contrapposizione alla forma monarchica, che l'induismo storico considerava auspicabile [47]. Più precisamente, la cultura e la religione indu vivono in un ambiente sociale fortemente pluralistico e considerano l'accettazione della pluralità (e delle diversità) un valore fondante. Ad esempio gli induisti accusano la cultura occidentale di aver prodotto le guerre di religione e l'Occidente di aver esportato la violenza bellica come strumento di gestione politica. Secondo loro gli imperi coloniali sono stati incapaci di concepire la convivenza fra identità religiose diverse [48] e comprendere il senso della laicità indiana [49]: hanno perciò proposto le diversità in termini antitetici. In parole ancora più chiare: il conflitto religioso e identitario sarebbe un frutto naturale della democrazia occidentale. Seguendo questa impostazione, anche le più vistose anomalie che gli occidentali ravvisano nell'attuale esperienza democratica indiana [50, p. 159] vengono presentate come una conseguenza dell'applicazione spuria degli elementi democratici occidentali che la colonizzazione ha disposto a suo tempo, e dai quali non ci si è ancora potuti liberare [51].

7. Democrazia e buddismo

Come si è accennato, la tradizione buddista si innesta su quella induista. Essa riposa sugli insegnamenti del principe Siddharta, vissuto nel VI secolo a.C.. Il cuore del suo insegnamento sta nella percezione della vita come un'esperienza di dolore causato dalla bramosia, sia verso le cose materiali sia verso il "non essere". Questo dolore può essere superato seguendo «l'ottuplice sentiero, e cioè retta visione, retta intenzione, retta parola, retta azione, retti mezzi di vita, retto sforzo, retta attenzione, retta concentrazione: come si vede, un insieme di discipline che abbracciano ogni aspetto della vita» [52, p. 30 ss. 53, 54].

Questo sentiero può essere percorso attraverso due direttrici principali: «una, si direbbe oggi, a scorrimento veloce, quella che seguono i monaci, una a percorso più lento, utilizzata dai devoti laici» [53, pp 39 ss.]. Il trascorrere del tempo ha portato alla costituzione di diverse scuole buddiste che, pur seguendo itinerari diversi e approdando a concezioni anche abbastanza distanti fra loro, mantengono alla base la medesima percezione del valore della vita di ogni uomo. Si può però sostenere che si siano di fatto costituite alcune tradizioni buddiste su base che – secondo il linguaggio occidentale – definiremmo "nazionale".

Da questo punto di vista il buddismo, pur non avendo una propria dottrina sociale, ha certamente influenzato l'organizzazione di determinate realtà sociali. Sebbene il buddismo non intervenga direttamente sugli aspetti politici e sociali poiché pone il suo accento sulle realtà spirituali, indirettamente influenza la realtà sociale dei luoghi in cui costituisce un'esperienza maggioritaria. A questo proposito è interessante segnalare i diversi esiti avuti dal buddismo nei Paesi comunisti rispetto agli altri. Nei primi è stato fortemente combattuto; la vita monastica e la propensione a considerare i problemi umani in chiave spirituale contrastava apertamente l'ideologia dominante. In Cina vennero confiscati i beni ecclesiastici e fu promossa la costituzione di un'associazione controllata dal governo. La situazione del Tibet è a tutti nota [55]. Molte difficoltà si sono avute anche in Vietnam [56] e in Cambogia, che pure ha vissuto la parentesi di un singolare regime socialista buddista durante il governo del principe Sihanouk [57].

Negli altri Paesi il buddismo ha subìto un forte processo di secolarizzazione. In Giappone si assiste alla nascita di un buddismo laico – espresso in modo particolare dall'organizzazione della Soka Gakkai [58] – che pur vivendolo laicamente, non è disinteressato al rapporto col potere civile. In Sri Lanka, ove è in corso un conflitto bellico a sfondo etnico religioso [59] la maggioranza della popolazione vive il buddismo nel duplice aspetto che contraddistingue molte altre esperienze religiose occidentali: ossia a metà fra religione secolarizzata e religione vissuta in maniera integrale da una minoranza di individui impegnati nell'osservanza della pratica spirituale.

In Myanmar il buddismo vive una forte tensione tra religione sostanzialmente di stato, legata a doppio filo col governo mediante una federazione che raccoglie i diversi monasteri, e l'esperienza promossa da alcuni esponenti buddisti impegnati nella lotta per la libertà civile. In Indonesia la maggioranza della popolazione è oramai islamica; la minoranza buddista è frammentata nell'osservanza di scuole diverse, dopo aver seguito un periodo di forte difficoltà quando nel 1965 il governo introdusse l'obbligo di avere una religione: circostanza che causò molte difficoltà ai buddisti, che si dichiaravano seguaci di Adibuddha, un Dio creato dalla necessità di rispettare la legge civile.

8. Conclusioni

Credo che le note sopra riportate mostrino – sebbene in modo incompleto – la complessità del rapporto che sussiste nelle diverse tradizioni culturali fra democrazia e religione. La consapevolezza di questa articolazione impone di allargare l'esame di questa relazione senza limitarsi alla prospettiva occidentale, che tende a relativizzare il ruolo dell'esperienza religiosa confinandolo nella sfera privata o cogliendolo come paradosso del fondamentalismo. Bisogna cominciare a guardare queste realtà con maggiore attenzione, senza lasciarsi tentare da scorciatoie violente, come quelle che confidano nell'uso della forza armata quale strumento in grado di promuovere la democrazia occidentale in contesti culturali e religiosi diversamente radicati.

Da questo punto di vista la globalizzazione costituisce una sfida; la fine della geografia può favorire una conoscenza più profonda degli altri col risultato di abbattere il muro dei pregiudizi. In una prospettiva religiosa, si può anche nutrire la speranza di chi «fiducioso nella propria fede [...] non si sente minacciato ma arricchito dalle diverse fedi degli altri» [60, p. 78].

Bibliografia

1. Cardini F (2005) La globalizzazione. Tra nuovo ordine e caos. Il Cerchio, Rimini
2. Virilio P (2004) Città panico. L'altrove comincia qui. Cortina, Milano
3. Weber M (1998) L'etica protestante e lo spirito del capitalismo, con introduzione di G. Galli. Fabbri, Milano (ed. originale 1905)

4. Guiducci R (ed) (1977) Le sette e lo spirito del capitalismo, Rizzoli, Milano (Edizione originale 1906)

5. Tawney RH (1998) Religion and the Rise of Capitalism, Transaction publisher, New York (Edizione originale 1926)

6. Landes SD (2000) La ricchezza e la povertà delle nazioni. Garzanti, Milano

7. Marconi P (2002) Libertà religiosa e sviluppo. Rassegna parlamentare

8. Novak M (1987) Lo spirito del capitalismo e il cristianesimo. Studium, Roma

9. Novak M (1999) L'etica cattolica e lo spirito del capitalismo. Einaudi, Torino

10. Antiseri D (2005) Cattolici a difesa del mercato. Rubbettino, Soveria Mannelli

11. Antiseri D, Novak M, Sirico R (2002) Cattolicesimo, liberalismo, globalizzazione. Rubbettino, Soveria Mannelli

12. Nuccio O (2006) Etica ed economia. Una critica radicale a Michael Novak ed ai teocon. In: www.kelebekler.com, visitato il 20 febbraio 2006

13. Padoa Schioppa T (2002) Dodici settembre: il mondo non è al punto zero. Rizzoli, Milano

14. Botta R (2002) Tutela del sentimento religioso ed appartenenza confessionale nella società globale. Lezioni di diritto ecclesiastico per il triennio con appendice bibliografica e normativa, Giappichelli, Torino

15. Giovagnoli A (2003) Storia e globalizzazione. Laterza, Roma-Bari

16. Losurdo D (2005) Che cos'è il fondamentalismo? In: Consorti P (ed) La rivincita della guerra? Le ragioni di Bush a confronto con quelle di Wojtyla. Plus-Pisa university press, Pisa

17. Bein Ricco E (2004) La costruzione dell'identità: appartenenza religiosa e convivenza democratica. In De Vita R, Berti F, Nasi L (eds) Identità multiculturale e multireligiosa. La costruzione di una cittadinanza pluralistica. Franco Angeli, Milano

18. Preterossi G (2004) L'Occidente contro se stesso. Laterza, Roma-Bari

19. Casavola FP (2003) Identità collettive. In: de Vita R, Berti F (eds) Pluralismo religioso e convivenza multiculturale. Un dialogo necessario. Franco Angeli, Milano

20. Held D (2005) Governare la globalizzazione. Un'alternativa democratica al mondo unipolare. Il Mulino, Bologna

21. Zakaria F (2003) Democrazia senza libertà: in America e nel resto del mondo. Rizzoli, Milano

22. Bovini C (2004) Guantanamo. Usa, viaggio nella prigione del terrore. Einaudi, Torino

23. Consorti P (2003) La rivincita della guerra? Le ragioni di Bush a confronto con quelle di Wojtyla. Plus-Pisa university press, Pisa

24. Carrozza P (1991) Etnocentrismo e multiculturalismo negli ordinamenti contemporanei: spunti per una riflessione sui profili giuridici. In: Caro Professore. Omaggio degli allievi a Alessandro Pizzorusso. Pacini, Pisa

25. Zanotti L (2005) La sana democrazia. Verità della chiesa e principi dello stato. Giappichelli, Torino

26. Ferrari S (2002) Lo spirito dei diritti religiosi. Ebraismo, cristianesimo, Islam a confronto. Il Mulino Bologna

27. Remond R (1999) La secolarizzazione. Religione e società nell'Europa contemporanea. Laterza, Roma-Bari

28. Ventura M (2001) La laicità dell'Unione europea. Diritto, mercato, religioni. Giappichelli, Torino

29. Ceccanti S (1999) Libertà religiosa e diritto comparato. Soluzioni consolidate e tendenze odierne. Altrimedia edizioni, Roma

30. Margiotta Broglio F, Mirabelli C, Onida F (2000) Religioni e sistemi giuridici. Introduzione al diritto ecclesiastico comparato. Il Mulino, Bologna

31. Huntington S (1995) La terza ondata. I processi di democratizzazione alla fine del XX secolo. Il Mulino, Bologna

32. Monceri F (2002) Altre globalizzazioni. Universalismo liberal e valori asiatici. Rubbettino, Soveria Mannelli

33. Milner A (2005) What's happened on Asian Values? In: www.anu.edu.au/asian-studies/values.htm

34. Vitale E (1999) "Valori asiatici" e diritti umani: l'overlapping consensus alla prova. In: Teoria politica, pp 313

35. Ishihara S, Mahathir M (1995) The Voice of Asia. Two Leaders Discuss the Coming Century. Kodansha international, Tokio

36. Kim DJ (1994) Is culture Destiny? The Myth of Asia's Anti-Democratic Values, in Foreign Affairs, pp 189 ss

37. Sen AK (2000) Lo sviluppo è libertà. Perché non c'è crescita senza democrazia. Feltrinelli, Milano

38. De Bary WT (1996) Asian Values and Human Rights. A confucian Communitarian Perspective. Harvard University press, Harvard

39. Tu WM (ed) (1996) Confucian Traditions in East Asian Modernity. Moral Education and Economic Culture in Japan and the Four Mini-Dragons. Harvard University Press, Harvard

40. Coomaraswamy AK (1994) Induismo e buddismo. Rusconi, Milano

41. Dundas P (2005) Il jainismo. L'antica religione indiana della non-violenza. Castelvecchi, Roma

42. Franci GR (2005) L'induismo. Il Mulino, Bologna

43. Sharma SC (2005) Hindu caste System & Hinduism. In: www.geocities.com/lamberdar/_caste.htm

44. Hawley JS (ed) (1994) Sati, the blessing and the curse. The burning of wives in India. Oxford university press, New York-Oxford

45. Belforte M, Pellissero A (2003) La nonviolenza nelle fonti della tradizione indiana. In: Plus Pisa University Press. Pisa

46. Menski W (2005) Democracy in Religion: the Hindu Case. In: Daimon, pp 56 ss

47. Muhlberger S (2005) Democracy in Ancient India. In: www.unipissing.ca/department/History

48. Engineer AA (2005), Religion, Identity and democracy. In: www.countercurrents.org

49. Sen A (1998) Laicismo indiano. Feltrinelli, Milano

50. Dahl RA (1998) On Democracy. Yale University Press, Yale

51. Hindu Nationalism and indian Politics. An Omnibus Comprising (2004). Oxford University Press India, Oxford

52. Franci GR (2004) Buddismo. Il Mulino, Bologna

53. Reichle V (2001) I fondamenti del buddismo. Mondadori, Milano

54. Puech HC (ed) (1984) Storia del buddismo. Laterza, Roma-Bari

55. Lopez DS (1998) Prisoners of Shangri-La. Tibetan buddhism and the West. University of Chicago Press, Chicago London

56. Nhat Hahn T (1967) Vietnam, la pace proibita, con prefazione e messaggio di T. Merton. Vallecchi, Firenze

57. Harris IC (2005) Cambodian Buddhism: History and Practice. University of Hawai's Press, Honolulu

58. Dobbelaere K (2001) Soka Gakkai: form lay movement to religion. Signtaure Books, Salt Lake City
59. Corini M (2003) L'esperienza dei Medici senza frontiere: il caso dello Sry Lanka. In: Consorti P (ed) Senza armi per la pace. Plus-Pisa university press, Pisa, pp 115 ss
60. Sacks J (2004) La dignità della differenza. Garzanti, Milano

2. Effetti, limiti e potenzialità della globalizzazione: il quadro economico

Pompeo Della Posta

1. Introduzione*

Nei Paesi sviluppati la globalizzazione è spesso oggetto di critiche in quanto non sempre produce (o non sempre ne vengono percepiti) i risultati positivi sperati, in particolare la riduzione dei prezzi e la maggiore varietà e qualità dei prodotti, mentre evidenti risultano gli aspetti negativi, quali ad esempio le difficoltà dei lavoratori non specializzati a mantenere il proprio lavoro o il mancato rispetto di standard sociali o ambientali nei Paesi meno sviluppati e in quelli in via di sviluppo[1]. Anche questi ultimi sono però critici nei confronti della globalizzazione, che ritengono fatta su misura per gli interessi dei Paesi più ricchi.

Se molti sono i limiti della globalizzazione nelle forme che essa assume attualmente, molte sono però le sue potenzialità, prima fra tutte quella di creare – se opportunamente governata e grazie all'aiuto del progresso tecnologico – le condizioni affinché l'intera popolazione mondiale possa convergere verso livelli di vita soddisfacenti.

Questo capitolo è strutturato come segue. Il paragrafo 2 definisce il concetto di globalizzazione e presenta le tre diverse fasi che hanno caratterizzato la storia degli ultimi 120 - 130 anni. Il paragrafo 3 presenta gli effetti della globalizzazione sui Paesi in via di sviluppo e su quelli sviluppati. Il paragrafo 4 descrive i limiti della globalizzazione e il paragrafo 5 si sofferma sulle sue potenzialità. Seguono alcune osservazioni conclusive.

*Ringrazio Bruno Chieli, Alessandro Franco e Anna Maria Rossi per gli utili commenti. Ovviamente resto il solo responsabile degli eventuali errori e omissioni contenute in quanto ho scritto.
[1]Nel resto del lavoro utilizzerò l'espressione "Paesi in via di sviluppo" per rifermi anche ai Paesi meno sviluppati.

2. La globalizzazione in prospettiva storica

2.1. Alcune possibili definizioni

L'idea di "globalizzazione" è tutt'altro che nuova e riprende quella di "villaggio globale" del sociologo Mc Luhan, o quelle proposte dagli storici Braudel e Wallerstein, che si riferiscono rispettivamente alle espressioni *economia-mondo* e *mondializzazione*[2]. Punti di vista più radicali interpretano poi l'attuale globalizzazione come la versione moderna del colonialismo e dell'imperialismo, attraverso i quali i Paesi economicamente più forti hanno sfruttato e intendono continuare a sfruttare i Paesi più poveri del pianeta.

Ma cosa intendiamo per "globalizzazione"? Fra le tante possibili definizioni, mi sembra che quella mutuata da De Benedictis e Helg [1] dal dizionario della lingua italiana a cura di Devoto e Oli, sia fra le più semplici e intuitive: la globalizzazione esprime «la tendenza dell'economia ad assumere una dimensione mondiale» (p. 143)[3]. Meno neutra è invece la definizione data da Basevi e coll. [2, p. 16], secondo i quali «si ha "globalizzazione" quando i processi di integrazione economica internazionale giungono al punto di eludere o aggirare l'intervento pubblico e, al limite, di esautorare o espropriare i governi delle loro capacità di intervento sui mercati. Ne consegue che, mentre il processo di integrazione economica internazionale è di per sé complessivamente benefico, quello di globalizzazione potrebbe non esserlo».

Nonostante la globalizzazione, la dimensione locale continua però a mantenere un suo ruolo importante. In effetti molti dati empirici mostrano l'esistenza del cosiddetto *home bias*, cioè della preferenza da parte degli individui per beni, servizi o attività finanziarie del proprio Paese. Il commercio internazionale, inoltre, è tanto più intenso quanto più i Paesi sono vicini fra loro, come spiega l'*approccio gravitazionale*, secondo il quale, così come per la legge gravitazionale della fisica, le relazioni economiche fra Paesi sono determinate negativamente dalla *distanza* e positivamente dalla loro *massa economica*, comunemente misurata dal Prodotto interno lordo.

I dati economici testimoniano comunque in maniera inequivocabile l'aumento degli scambi internazionali e giustificano pienamente, quindi, l'attenzione oggi rivolta verso l'attuale fase di globalizzazione.

---

[2]L'organizzazione (ma non il contenuto) di questo paragrafo risente molto dell'impostazione dell'ottimo articolo di De Benedictis e Helg [1].
[3]Vedi De Benedictis e Helg [1] per altre possibili definizioni del termine globalizzazione.

2.2. Le diverse fasi della globalizzazione

La fase attuale di globalizzazione dell'economia è soltanto l'ultima di una serie che è possibile quanto meno far risalire a più di un secolo fa e che ha sempre trovato le necessarie premesse nelle innovazioni (talvolta vere e proprie rivoluzioni) in campo tecnologico (nel settore dei trasporti – navi a vapore e aereoplano, o in quello delle comunicazioni – telegrafo, telefono – fino ad arrivare a internet)[4].

Schematizzando, è possibile infatti individuare tre diverse fasi di globalizzazione nella storia degli ultimi 120-130 anni: una prima fase, che ha avuto luogo fra la fine dell'Ottocento e gli inizi del Novecento; una seconda fase, collocabile fra la fine della II Guerra Mondiale e gli anni Settanta dello scorso secolo; una terza fase, iniziata negli anni Ottanta ma che affonda le radici già nella seconda metà degli anni Settanta, in un incontro fra i sei Paesi più industrializzati al mondo (il cosiddetto G-6), tenutosi a Rambouillet (Francia), che ha caratterizzato e continua a caratterizzare gli anni correnti[5].

Come è facile immaginare, le tre fasi presentano caratteristiche ben diverse fra loro, sintetizzate in quanto segue.

La prima fase fu caratterizzata da:

- ampi scambi commerciali di tipo Nord-Sud (commercio inter-industriale, cioè relativo a scambi fra settori produttivi diversi, in particolare relativo al commercio di materie prime contro manufatti), che riguardavano però principalmente pochi Paesi industrializzati e le loro rispettive colonie: il rapporto fra le esportazioni e il Pil mondiale passò dal 4,6% nel 1870 al 7,9% nel 1913 [3];
- significativi movimenti di capitale, principalmente di lungo periodo e investimenti diretti esteri[6] rivolti soprattutto ai settori agricolo, estrattivo e ferroviario;
- forti movimenti migratori (nel periodo compreso fra il 1870 e il 1914 si ebbe uno spostamento pari a circa il 10% della popolazione mondiale!).

---

[4]Alcuni storici avanzano l'ipotesi che già l'impero romano di due millenni fa costituisca un primo esempio di globalizzazione dell'economia.

[5]Basevi e coll. [2] preferiscono riferirsi a due sole fasi, la prima delle quali è relativa al periodo 1820-1914, mentre la seconda, cominciata alla fine della II Guerra Mondiale, continua fino ai giorni nostri.

[6]Gli investimenti esteri diretti sono quegli investimenti rivolti al potenziamento o all'attivazione dei processi produttivi all'estero.

La seconda fase fu caratterizzata da:
- ampi scambi commerciali, questa volta però principalmente di tipo nord-nord (commercio intra-industriale, relativo allo scambio di manufatti contro manufatti): il rapporto fra esportazioni e Pil mondiale passò dal 5,5% nel 1950 al 10,5% nel 1973 [3];
- assenza di movimenti di capitale;
- ripresa, sia pure con minore intensità, dei movimenti migratori, seguendo altre direzioni (ad esempio intra-europee) rispetto a quelle che caratterizzarono la fine del XIX e gli inizi del XX secolo.

La terza fase, infine, è caratterizzata da:
- aumento degli scambi commerciali, ancora principalmente di tipo nord-nord, ma che coinvolgono anche i Paesi di nuova industrializzazione (*globalizers*), generalmente identificati con i Paesi del Sud-Est asiatico, la Cina e l'India: la quota di esportazioni di beni e servizi dei Paesi asiatici è passata infatti dal 7,3% nel 1953 al 32,2% nel 1998 e il rapporto fra esportazioni e Pil mondiale ha raggiunto nel 1998 la quota del 17,2% [3];
- liberalizzazione dei movimenti di capitale, soprattutto di breve termine; enorme aumento degli scambi valutari (in un solo giorno ha luogo un volume di scambi pari a circa 1/3 di quello *annuale* di merci); grande aumento degli investimenti diretti esteri (il flusso di investimenti diretti esteri/Pil mondiale è passato dallo 0,9% nel 1982 al 7,6% nel 2000), rivolti però per il 95% a manifatture e servizi [4];
- forti restrizioni ai movimenti migratori (con l'eccezione degli Stati Uniti [1]).

Le caratteristiche riscontrate nelle tre diverse fasi di globalizzazione permettono di farsi un'idea, sia pure sommaria, dei possibili problemi posti dalla fase attuale. In particolare, non è difficile notare come gli investimenti diretti esteri (IDE) rivolti al settore manifatturiero abbiano assunto un ruolo prominente rispetto al passato, quando in effetti non si avevano esempi di delocalizzazione produttiva relativa a tale settore[7]. È da osservare, tuttavia, che negli anni 1999 e 2000 per i Paesi in via di sviluppo il rapporto fra flussi del mercato dei capitali (costituiti da prestiti bancari, finanziamento azionario e obbligazionario) e IDE è stato circa pari a 4, mentre a livello mondiale 1/3 dei fondi privati sono rappresentati da flussi del mercato dei

---

[7]La delocalizzazione produttiva è un fenomeno che da alcuni anni sta interessando anche l'Italia, dalla quale molte attività produttive, principalmente tessili e calzaturiere, vengono spostate in Paesi europei (Romania e Albania, per esempio) o asiatici (Cina, Corea e Vietnam, per citarne solo alcuni).

capitali e 2/3 sono rappresentati da IDE. In effetti, nonostante l'aumento degli IDE, la quota mondiale che si dirige verso i Paesi in via di sviluppo è soltanto del 10%: la maggior parte degli IDE si rivolge verso Stati Uniti, Europa e Giappone, anziché verso i Paesi che ne avrebbero maggiore necessità per il proprio sviluppo!

Non è difficile, inoltre, notare come nella prima fase sia il movimento dei capitali sia quello delle persone avessero assunto una dimensione ragguardevole, mentre la seconda fase sia stata caratterizzata da una limitazione del movimento dei capitali e la terza, quella attuale, dalla restrizione al movimento delle persone e dalla liberalizzazione del movimento dei capitali, in particolare di quelli a breve termine.

3. Gli effetti della globalizzazione

3.1. Disuguaglianza fra i Paesi sviluppati e i Paesi in via di sviluppo[8]

Moltissimi critici della globalizzazione sottolineano il fatto che il divario fra Paesi del nord e Paesi del sud del mondo sia andato aumentando nel tempo. In effetti, il rapporto fra Pil pro-capite dei Paesi del nord e del sud del mondo, che era pari a 11 nel 1870, è divenuto pari a 52 nel 1985 [6]. Conclusioni analoghe si traggono osservando la Tabella 1, che mostra l'evoluzione nel tempo della percentuale di reddito detenuto dai Paesi più ricchi e dai Paesi più poveri[9].

Ciò porta a concludere che la globalizzazione stia operando in maniera diversa da quanto previsto dai modelli comunemente utilizzati nell'ambito della teoria neoclassica[10], secondo i quali l'apertura commerciale dovrebbe condurre alla convergenza di salari e redditi pro-capite (riscontrata solo in

---

[8]I paragrafi 3.1. e 3.2 si basano su Della Posta [5].

[9]La tabella 1 mostra, tuttavia, che l'aumento del divario sembra essersi arrestato dagli anni Cinquanta in poi: nel periodo 1970-1992, infatti, il rapporto fra il reddito del 10% dei Paesi più ricchi e il 20% dei Paesi più poveri si è stabilizzato intorno al 23%.

[10]Si definisce così la teoria economica (detta anche "marginalista") oggi generalmente accettata e insegnata nelle università di tutto il mondo e basata sull'idea che gli agenti economici (ad esempio consumatori o imprese) operino le proprie scelte al fine di massimizzare i loro obiettivi (di utilità e profitti, rispettivamente) e che il mercato sia solitamente capace di raggiungere spontaneamente il migliore equilibrio possibile.

Tabella 1. Percentuale di reddito detenuto dai Paesi più ricchi e dai Paesi più poveri. Da: Bourguignon e coll. [7]

	1820	1950	1970	1992
Percentuale di reddito detenuto dal 10% dei Paesi più ricchi	42,8	51,3	50,8	53,4
Percentuale di reddito detenuto dal 20% dei Paesi più poveri	4,7	2,4	2,2	2,2
Rapporto fra il reddito del 10% dei Paesi più ricchi e del 20% dei Paesi più poveri	9,1	21,2	23,4	23,8

alcuni casi).

Nonostante l'argomento di un aumento della disuguaglianza fra Paesi ricchi e Paesi poveri sia spesso impugnato per esprimere un giudizio negativo sulla globalizzazione, molti economisti fanno notare che la disuguaglianza fra i Paesi (e anche all'interno dei Paesi stessi) è una variabile irrilevante ai fini del giudizio da esprimere su un dato sistema. Tale posizione si basa sulla considerazione che il trovarsi o meno in una condizione di povertà (il vero dato su cui concentrarsi) è indipendente dallo squilibrio nella posizione relativa di una persona rispetto all'altra. Le disuguaglianze sono anzi, almeno nelle fasi iniziali dello sviluppo, spesso interpretate come fattori propulsivi importanti, volti a incentivare adeguatamente coloro che rimangono indietro. Non è un caso, dunque, che la riduzione della disuguaglianza fra i Paesi non figuri fra i *Millennium Development Goals* delle Nazioni Unite.

Contributi più recenti, tuttavia, tendono a riconsiderare il ruolo della disuguaglianza e riconoscono che tale fattore possa minare il capitale sociale di un Paese. Ciò impedisce la condivisione degli obiettivi comuni da perseguire, senza la quale la performance economica rischia di essere seriamente compromessa: la disuguaglianza, dunque, deve essere contrastata non solo per ragioni etiche, ma anche al fine di evitare le conseguenze economiche negative che da essa possono discendere.

3.2. La povertà nei Paesi in via di sviluppo

La povertà è invece una dimensione sulla quale si concentra l'attenzione di molti economisti e istituzioni internazionali e rappresenta uno degli obiettivi dei *Millennium Development Goals* delle Nazioni Unite. In particolare, tale obiettivo prevede che la povertà venga dimezzata nel periodo 1990-2015. Per convenzione generalmente accettata si definisce *povertà estrema* quella situazione nella quale il reddito delle persone è inferiore a un *potere di acquisto in termini reali* pari a 1 dollaro al giorno (è a questo tipo di povertà che si riferiscono le Nazioni Unite) e si definisce *povertà* quella situazione nella quale il reddito delle persone è inferiore a un potere di acquisto pari a 2 dollari al giorno. La Tabella 2 riporta l'evoluzione temporale dei dati relativi sia alla povertà estrema sia alla povertà.

Per quanto riguarda i *poveri estremi*, i valori *assoluti* mostrano un aumento nel periodo 1820-1970, durante il quale passano da 886 milioni a 1,3 miliardi, e una leggera diminuzione fra il 1970 e il 2001, anno nel quale scendono a un livello di 1,1 miliardi. Il numero dei *poveri*, invece, risulta più che raddoppiato nel periodo 1820-1970, passando da 1 miliardo circa a 2,2 miliardi circa, aumenta ulteriormente nel periodo 1970-1993, e si stabilizza a un livello di 2,7 miliardi circa nel periodo 1993-2001. La sostanziale persistenza del numero dei *poveri* e dei *poveri estremi* nei trenta anni circa che vanno dal 1970 al 2001 è imputata da alcuni alla mancata o insufficiente apertura economica e da altri invece alla globalizzazione stessa e, in particolare, agli aspetti più criticabili delle forme che essa ha assunto.

I dati *percentuali*, tuttavia, suggeriscono un quadro migliore, caratterizzato da una riduzione fra il 1970 e il 2001 della percentuale di *poveri estremi* (passati dal 35,6% al 21,1%) e dei *poveri* (passati dal 60,1% al 52,9% della popolazione mondiale). In altri termini, sebbene il numero dei *poveri estremi* sia rimasto sostanzialmente costante e quello dei *poveri* sia addirittura aumentato nei 30 anni circa che vanno dal 1970 al 2001, la percentuale di entrambi rispetto alla popolazione mondiale si è ridotta, vale a dire che la crescita della popolazione mondiale da un lato non ha portato con sé un aumento del numero dei *poveri estremi* e dall'altro è stata accompagnato da un aumento dei *poveri* che è stato percentualmente inferiore a quello della

Tabella 2. Evoluzione della povertà estrema e della povertà, in valori assoluti (approssimati) e percentuali. Da: Bourguignon e coll. [7], Chen e Ravallion [8])

	1820		1970		1993		2001	
	Val. Ass.	Val. %	Val. Ass.	Val. %	Val. Ass.	Val. %	Val.Ass.	Val.%
Persone con reddito <1 $ al giorno	886 mil.	83,9	1,3mld	35,6	1,2 mld	26,3	1,1 mld	21,1
Persone con reddito <2 $ al giorno	1 mld	94,4	2,2 mld	60,1	2,7mld	60,1	2,7 mld	52,9

popolazione stessa.

La riduzione percentuale della *povertà estrema* si deve soprattutto alla performance economica di Cina e India, citati spesso ad esempio delle virtù della globalizzazione. Secondo Stiglitz [9], tuttavia, il caso della Cina e dell'India può essere reinterpretato radicalmente, considerando il fatto che l'apertura alle esportazioni di merci è stata accompagnata in entrambi i Paesi, almeno inizialmente, da forti restrizioni alle importazioni e da vincoli all'afflusso di capitali a breve termine, misure opposte a quelle predicate dal cosiddetto *Washington Consensus* che ha guidato il processo di globalizzazione degli ultimi 20-30 anni. Nel caso della Cina, inoltre, Chen e Ravallion [8] osservano come circa metà della riduzione della povertà sia avvenuta già negli anni 1981-84, prima dunque dell'apertura agli scambi commerciali e grazie, invece, alle riforme introdotte dal governo cinese a partire dagli anni Settanta. Sempre Stiglitz [9] ricorda poi che nel periodo che ha preceduto l'apertura commerciale e valutaria, iniziata negli anni Novanta, i Paesi dell'America Latina avevano tassi di crescita ben più elevati di quelli attuali. Va anche riconosciuto, infine, che in diverse aree del globo, in special modo in Africa (ma anche in alcune aree dell'America Latina e dell'Asia Centrale), si assiste a un aumento anche in termini percentuali dei *poveri* e dei *poveri estremi*, come mostrano chiaramente sia Chen e Ravallion [8], sia i dati riportati nel volume contenente i World Development Indicators della Banca Mondiale[11].

Una critica spesso avanzata nei confronti dei dati che suggeriscono un miglioramento relativo della situazione economica nel mondo si riferisce al fatto che tali conclusioni si baserebbero su un indicatore, il Pil, non rappresentativo dell'effettivo livello di benessere di un Paese. Anche considerando l'Indice di Sviluppo Umano[12], tuttavia, i dati disponibili inducono a concludere che il quadro sia complessivamente migliorato. La situazione, però, anche in questo caso continua a essere ben diversa per i Paesi dell'Africa Sub-Sahariana, nella quasi totalità dei quali tale indice ha subito un peggioramento negli ultimi 10–15 anni (si veda a tale proposito United Nations, 2005, Table 2, Human Development Index Trend [10]).

---

[11]http://devdata.worldbank.org/wdi2006/contents/Section1_1_1.htm.
[12]L'Indice di Sviluppo Umano è costruito prendendo in considerazione aspettativa di vita alla nascita, livello di istruzione e reddito pro-capite.

3.3. Il mancato rispetto delle clausole sociali e ambientali nei Paesi in via di sviluppo

È opinione diffusa che la globalizzazione abbia peggiorato le condizioni di vita nei Paesi in via di sviluppo. A dimostrazione di ciò molto spesso si citano le violazioni perpetrate dalle imprese multinazionali che, incuranti di qualunque standard minimo sociale, "sfruttano" il lavoro a basso costo disponibile nei Paesi in via di sviluppo. La risposta generalmente fornita dagli economisti è che le condizioni offerte da tali imprese sono evidentemente migliori di quelle disponibili all'interno dei Paesi in via di sviluppo, se tanti lavoratori le accettano. Tale ragionamento è probabilmente inattaccabile da un punto di vista logico, ma difficilmente si può affermare che i lavoratori dei Paesi in via di sviluppo si trovino nella condizione di poter davvero operare una scelta libera e consapevole, vista la situazione nella quale versano. Si potrebbe osservare inoltre, in linea con l'obiezione appena mossa, che l'applicazione di standard sociali (o ambientali) minimi dovrebbe essere imprescindibile, non solo perché questi ultimi rappresentano un valore in sé, ma anche al fine di evitare sia la concorrenza "sleale" (come si legge spesso nella stampa o nelle dichiarazioni di imprenditori e politici) da parte dei Paesi in via di sviluppo, sia una *race to the bottom* (corsa al ribasso). Il tema è senz'altro complesso ma, come sottolinea Rodrik [14], se è vero che il commercio internazionale può essere assimilabile a una tecnica aggiuntiva di produzione (per il fatto che permette di sostenere costi di produzione minori), è anche vero che non tutte le tecniche disponibili sono utilizzate: limiti dettati dall'etica, dalla morale e da leggi statali proibiscono, per esempio, la schiavitù. La stessa cosa potrebbe dunque essere fatta disponendo che il commercio internazionale possa avere luogo soltanto se vengono soddisfatti degli standard minimi in tema di regolamentazione sociale o ambientale. Resta tuttavia il sospetto che il rispetto di tali clausole sociali (o ambientali) venga invocato come forma di protezionismo occulto da coloro che fino a pochi decenni fa hanno tenuto gli stessi comportamenti rimproverati oggi ai Paesi in via di sviluppo. In effetti, l'applicazione di tali standard sociali (o ambientali) non è condivisa proprio dai Paesi nei quali se ne propone l'adozione, Cina e India in primo luogo, come se il loro vantaggio comparato dipendesse proprio dall'assenza di tali standard.

Un altro esempio spesso citato a esemplificazione dei mali della globalizzazione è quello dello sfruttamento del lavoro minorile. Sono innumerevoli, in effetti, gli episodi di negazione dei più elementari diritti dei bambini, sottoposti a lavori che risulterebbero gravosi anche per un adulto.

Tuttavia, anche da parte di organizzazioni non governative (Oxfam, per esempio) è emersa ultimamente la consapevolezza che misure di divieto assoluto del lavoro dei minori potrebbero addirittura peggiorare le cose, in quanto comportano il rischio di un aggravio dello sfruttamento dei minori, come è accaduto in episodi del recente passato[13]. Meglio dunque, nelle situazioni in cui non esistono soluzioni migliori, un atteggiamento pragmatico, cioè una gestione controllata e condivisa di attività lavorative minime e non gravose, che assicurino tuttavia la frequenza scolastica dei minori, come accade in diversi casi in America Latina, piuttosto che l'affermazione di posizioni ineccepibili in principio, ma controproducenti nella realtà.

Resta comunque il fatto che i Paesi poveri potranno attivare un processo di sviluppo solo se saranno capaci, anche grazie agli aiuti internazionali, di garantire la formazione di capitale umano, di assicurare cioè condizioni igienico-sanitarie e un grado di scolarità soddisfacenti per la popolazione. Tale conclusione è raggiunta, fra gli altri, da Baldacci, Clements, Gupta e Cui [13], i quali mostrano come un incremento negli aiuti internazionali destinati all'investimento in capitale umano (sanità e istruzione) permetterebbero di raggiungere con maggiore facilità i *Millennium Development Goals*.

Un altro degli effetti negativi della globalizzazione che spesso vengono evidenziati è relativo ai danni ambientali prodotti nei Paesi in via di sviluppo da un eccesso di sfruttamento delle risorse naturali. In effetti, se il prezzo degli input (i fattori impiegati nella produzione, come ad esempio, le materie prime) è sottostimato, il costo della produzione esportata può risultare inferiore a quello effettivo. Prezzi di mercato bassi incentivano la domanda e amplificano lo sfruttamento delle risorse naturali: in tale situazione di "fallimento del mercato" potrebbe dunque risultare appropriata l'introduzione di misure correttive di limitazione del commercio internazionale[14].

A tale proposito, Bourguignon e coll. [7] osservano però che anche i set-

---

[13]Per una trattazione approfondita di questi temi dal punto di vista teorico si vedano, fra gli altri, Cigno e Rosati [11] e Basu [12].
[14]Il problema dell'inquinamento ambientale e dello sfruttamento non sostenibile delle risorse naturali è senz'altro presente anche nei Paesi sviluppati. Diversi autori, tuttavia, sostengono che proprio lo sviluppo economico renda le popolazioni maggiormente sensibili alla qualità ambientale, fino a individuare, almeno a partire da un certo grado di sviluppo in poi, una relazione positiva fra tali variabili.

tori non rivolti alle esportazioni possono sottostimare i costi delle risorse naturali, cosicché misure restrittive sul commercio internazionale potrebbero non sortire effetti significativamente positivi. In tal caso, dunque, sarebbe meglio ricorrere a misure di controllo e regolamentazione interna, introducendo vincoli e norme opportune. A mio avviso si deve tuttavia riconoscere da un lato che è molto difficile che tali norme siano introdotte all'interno dei Paesi in via di sviluppo, viste le condizioni economiche critiche in cui essi versano e dall'altro che le misure eventualmente prese a livello internazionale potrebbero comunque indicare ai Paesi in via di sviluppo la via da intraprendere e il modello da perseguire nel medio-lungo periodo[15].

3.4. Problemi di disoccupazione del lavoro non specializzato nei Paesi sviluppati

Un tema molto controverso è se, e in quale misura, la globalizzazione debba essere ritenuta responsabile della deindustrializzazione e in particolare della perdita di posti di lavoro non qualificato nel settore manifatturiero nei Paesi sviluppati: nell'insieme dei Paesi industrializzati la quota dell'occupazione manifatturiera sul totale è infatti passata dal 27% nel 1965 al 18% circa nel 1994 (IMF citato da Acocella [3]).

Contrastano con l'ipotesi di una responsabilità diretta della globalizzazione, da un lato il ruolo crescente svolto nelle economie dei Paesi sviluppati dai servizi (cioè dal settore terziario) rispetto ai due settori tradizionali, quello agricolo e quello manifatturiero e dall'altro il progresso tecnologico *labour-saving*. In effetti, studi empirici attribuiscono alla globalizzazione una responsabilità per la perdita di posti di lavoro non superiore al 30%. Nonostante ciò la globalizzazione è spesso ritenuta responsabile non solo dell'aumento della disoccupazione dei lavoratori non specializzati[16], ma anche della minaccia al welfare faticosamente raggiunto nel corso di decenni e decenni di lotte per il miglioramento delle condizioni di vita.

---

[15]Discorso analogo potrebbe essere fatto anche per gli standard sociali, sebbene, come è stato argomentato sopra, a ciò si oppongano in primo luogo gli stessi Paesi in via di sviluppo.

[16]Va ricordato però che gli Stati Uniti, che pure hanno un forte deficit commerciale, segno inequivocabile di apertura, non soffrono, almeno all'apparenza, dei problemi di disoccupazione di cui sono affetti gli europei.

4. I limiti della globalizzazione

I limiti della globalizzazione emergono già con sufficiente chiarezza dall'analisi precedente, tuttavia è possibile individuare alcuni aspetti più generali, descritti nei paragrafi sottostanti.

4.1. Il "policy trilemma" e il peso eccessivo degli interessi dei Paesi sviluppati

La globalizzazione è incompatibile con la presenza contemporanea di un governo locale dell'economia e di un controllo democratico delle scelte da compiere. Una volta che si siano liberalizzati i mercati dei beni, dei servizi e dei capitali e che questi abbiano assunto caratteristiche globali[17], infatti, non è possibile mantenere contemporaneamente un set di regolamentazioni nazionali e una condivisione delle scelte da compiere (che possono andare a detrimento di un determinato gruppo sociale). È per questa ragione che, non potendo e non volendo rinunciare completamente alla sovranità nazionale su temi di interesse comune, potrebbe risultare necessario sacrificare alcune aree all'apertura completa [14], ciò proprio al fine di evitare situazioni caratterizzate dall'incapacità degli stati di governare il mercato (vedi la citazione di Basevi e coll. [2] nel paragrafo 2.1). È evidente che tale ingovernabilità del mercato potrebbe da un lato produrre i fenomeni lamentati nei Paesi sviluppati, nei quali la globalizzazione causa grandi difficoltà, per esempio, ai lavoratori non specializzati; dall'altra potrebbe dare luogo ai problemi che contraddistinguono i Paesi in via di sviluppo.

I limiti più evidenti della fase attuale di globalizzazione risiedono nel fatto che soltanto i Paesi sviluppati possono opporvisi, cosicché la globalizzazione diventa a senso unico: la libertà dei commerci è fortemente invocata quando i Paesi sviluppati possono esportare i propri prodotti e viene limitata, imponendo barriere di natura varia (mascherate per esempio con norme *anti-dumping*[18] o con la necessità di salvaguardia nazionale) quando

---

[17]Alessandro Franco ha posto alla mia attenzione il fatto che non sempre la globalizzazione di un mercato implica anche la sua liberalizzazione a livello internazionale, citando quale esempio il mercato dei prodotti petroliferi che, sebbene globalizzato, non è completamente liberalizzato, visto il ruolo svolto dal cartello dei Paesi aderenti all'OPEC.

[18]Il *dumping* è la vendita di beni a prezzi inferiori al costo necessario per la loro produzione. Tale pratica, temporanea, è effettuata allo scopo di acquisire i mercati a danno dei concorrenti. Accuse di *dumping* vengono rivolte spesso anche ai Paesi in via di sviluppo i quali, grazie ai bassi costi della manodopera, riescono a produrre beni a costi nettamente più bassi di quanto non riescano a fare i Paesi sviluppati.

le merci seguono una direzione Sud-Nord. Moltissimi sono gli esempi del recente passato relativi non solo all'Europa ma anche agli Stati Uniti e che riguardano, per esempio, la protezione della produzione nazionale di acciaio, agricola o manifatturiera (in particolare tessile e calzaturiera)[19].

Per quanto riguarda i Paesi in via di sviluppo, invece, sebbene la globalizzazione possa causare distorsioni nell'uso del fattore lavoro e delle materie prime o la dispersione del loro patrimonio sociale e culturale, a differenza dei Paesi sviluppati essi non sono nella condizione di poter rinunciare all'apertura, né possono permettersi il lusso di soddisfare standard sociali o ambientali.

Deve essere notato, infine, che i mercati dei beni spesso non sono caratterizzati da concorrenza perfetta, per cui sembra paradossale invocare tale caratteristica per il mercato dei fattori produttivi (primo fra tutti il lavoro): la differenziazione dei prodotti ottenuta grazie alla registrazione del marchio (*logo*) e alla pubblicità e più in generale la concorrenza imperfetta nel mercato dei beni, infatti, spesso impediscono la diminuzione dei prezzi dei beni consumati, rendendo così di fatto nulli i vantaggi della globalizzazione (ma non per gli imprenditori, che vedono aumentare i loro profitti). In effetti, sono in molti a sostenere che la maggior parte dei problemi che vengono ascritti alla globalizzazione in realtà sarebbero problemi di mancanza di regolamentazione o di cattivo funzionamento dei mercati: la liberalizzazione del movimento dei capitali necessita di un contesto di regolamentazione monetaria, bancaria e finanziaria; l'esportazione di materie prime implica che il prezzo di tali beni sia valutato correttamente e non in maniera distorta; le migrazioni possono aumentare l'efficienza del sistema economico, ma non se privano i Paesi delle loro menti migliori. Dispiace constatare che tale consapevolezza manchi completamente in coloro che invocano una globalizzazione aprioristica, da perseguire indipendentemente dal soddisfacimento delle condizioni necessarie affinché tale apertura risulti veramente benefica.

Molte delle argomentazioni critiche dei cosiddetti "new" global (come preferiscono e come dovrebbero quindi essere chiamati gli aderenti a tali movimenti, piuttosto che "no" global), quindi, non riguardano tanto la glo-

---

[19]La protezione dei mercati agricoli dei Paesi sviluppati, per esempio, è spesso giustificata in base a principi "multifunzionali" (la difesa dell'agricoltura permetterebbe anche la difesa del territorio e dell'ambiente, evitando lo spopolamento delle campagne e i problemi sociali a esso collegati). Questo tema è approfondito nel Capitolo 5.

balizzazione in sé, quanto le forme assunte da *questa* globalizzazione, troppo spesso rivolta all'esclusivo interesse dei Paesi sviluppati e incurante delle pre-condizioni necessarie al suo buon funzionamento (la mia interpretazione della realtà è molto vicina a quella proposta da Stiglitz [9]).

4.2. I rischi di instabilità nei Paesi in via di sviluppo

Se da un lato la globalizzazione finanziaria aumenta l'efficienza del sistema economico permettendo una migliore allocazione del fattore capitale, dall'altro essa aumenta i rischi di instabilità dovuti a mancata corrispondenza fra scadenza temporale di debiti e crediti (*maturity mismatch*) e mancata corrispondenza fra valuta nella quale ci si indebita e valuta nella quale si detengono le attività (*currency mismatch*), e aggravati dal fatto che prestiti bancari e movimenti di capitale a breve termine rispondono immediatamente e in maniera eccessiva agli shock negativi.

Al fine di far sì che i benefici derivanti dall'integrazione finanziaria ne superino i costi sarebbe opportuno, dunque, aumentare il peso degli IDE e degli investimenti di portafoglio a lungo termine rispetto al peso dei prestiti bancari, anche attraverso l'introduzione di appropriate misure di limitazione al libero movimento dei capitali a breve termine (ciò a cui ci si riferisce comunemente con l'espressione *Tobin tax*, proposta originariamente da Tobin [15] e rilanciata più di recente da Eichengreen, Tobin e Wyplosz [16][20]).

4.3. Le critiche alle organizzazioni economiche internazionali

Nei confronti delle istituzioni internazionali che dovrebbero guidare il processo di globalizzazione dell'economia vengono avanzate molte critiche, relative soprattutto al peso esercitato dai Paesi più avanzati e, in particolare, dagli Stati Uniti. Nel Fondo monetario internazionale (FMI), per esempio, gli Stati Uniti hanno un potere di voto pari a quello di America Latina, Sud-Est asiatico e Africa Sub-Sahariana messi insieme (i voti sono rapportati alla quota di finanziamento del Fondo) e inevitabilmente ciò ne condiziona le posizioni ufficiali. Stiglitz [9, 18] fornisce molte altre critiche all'operato del FMI.

Una ulteriore critica è quella relativa al problema dell'*Agenda setting*, al

---

[20]Ul Haq e coll. (eds) [17] contiene un'analisi completa delle implicazioni e delle problematicità legate alla introduzione di una *Tobin tax*.

fatto cioè che molti dei Paesi aderenti non sono in grado di sostenere i costi necessari per seguire da vicino lo sviluppo dei lavori dell'Organizzazione mondiale per il commercio (OMC) o sono facilmente condizionabili dalle pressioni dei Paesi più forti, che inevitabilmente portano avanti interessi ben precisi. Il punto di vista dell'OMC, inoltre, rischia di ignorare completamente le normative nazionali che potrebbero giustificare una limitazione del commercio internazionale. Un esempio è rappresentato dal fatto che le norme dell'OMC (della quale in molti contestano la mancanza di democraticità, dal momento che i suoi rappresentanti non sono stati eletti, né rispondono ai cittadini per le scelte che compiono), passano al di sopra delle normative nazionali poste a difesa della salute dei cittadini. Esistono senz'altro casi nei quali l'adozione di una normativa sanitaria nazionale ha rappresentato chiaramente una forma di protezionismo occulto (un esempio è quello famosissimo del divieto pretestuoso di importazione di birra belga in Germania). È difficile, però, catalogare con certezza come protezionismo occulto la scelta europea di difendere la salute dei propri cittadini non permettendo l'importazione di carne agli ormoni o di organismi geneticamente modificati.

La difesa aprioristica delle ragioni del libero commercio, della tutela della proprietà intellettuale e più in generale delle virtù del mercato lasciato a se stesso, inoltre, rischiano di creare e alimentare situazioni drammatiche quali quelle prodotte dal fatto che le norme circa la brevettabilità dei farmaci stimolano la ricerca farmaceutica verso i soli settori che garantiscono l'ottenimento di profitti (come mostra il lavoro di Paola Nieri in questo volume): per fare un esempio, la ricerca farmaceutica privata mondiale sostanzialmente non si occupa di malaria, che ancora oggi uccide in Africa milioni di persone ogni anno, per il semplice fatto che nessuno potrebbe pagare per il vaccino che si riuscisse eventualmente a scoprire. Le conseguenze di ciò sono gravissime: Sachs [19], in effetti, argomenta come sia proprio la malaria una delle ragioni del mancato sviluppo economico dell'Africa Sub-Sahariana[21]: il mercato lasciato a se stesso è capace dunque di produrre effetti disastrosi, contrariamente a quanto sostiene la teoria economica ortodossa[22].

---

[21]Il dispendio delle poche risorse disponibili in enormi spese militari è certamente una delle altre ragioni.

[22]Argomentazioni simili possono essere usate per commentare gli effetti della resistenza delle multinazionali farmaceutiche, forti dell'appoggio dell'OMC, alla produzione locale delle medicine necessarie per combattere l'AIDS (per la questione dell'AIDS e, in generale, per i problemi legati alla cura di tali malati in Africa, si veda il Capitolo 7.

Da ciò emerge con chiarezza il ruolo delle istituzioni pubbliche, che non possono limitarsi a garantire soltanto l'esistenza dei diritti di proprietà, ma devono anche assicurare le condizioni minime per la difesa della salute dei cittadini, indispensabile affinché i processi di sviluppo possano attivarsi.

5. Le potenzialità della globalizzazione

Le potenzialità della globalizzazione sono teoricamente infinite e potrebbero essere sintetizzate nella possibilità di convergenza verso livelli di vita soddisfacenti per la popolazione mondiale[23].

È evidente che se l'apertura commerciale consentisse lo sviluppo dei Paesi che oggi soffrono la povertà, cadrebbe anche, per esempio, la necessità da parte dei Paesi sviluppati di porre barriere al movimento delle persone, oggi impossibilitate a lasciare le loro terre inospitali.

Un'ulteriore spinta allo sviluppo dei Paesi più poveri dovrebbe derivare dallo spostamento dei capitali verso queste aree, contrariamente a quanto accade oggi.

Proprio il riconoscimento dei limiti dell'impostazione teorica neoclassica basata sull'ipotesi della perfezione dei mercati e in particolare il riconoscimento del fatto che la globalizzazione comporta costi significativi per particolari gruppi sociali o settori economici, inoltre, renderebbe opportuna l'adozione di appropriate misure di politica economica che dovrebbero permettere di estendere i benefici della globalizzazione anche a quei settori che oggi ne sono esclusi [7].

Le potenzialità stanno anche in tutti quei progressi scientifici e quelle conoscenze che devono poter essere condivise dall'umanità e che dovrebbero contribuire a migliorare le condizioni generali di vita della popolazione mondiale.

---

[23]Si deve ricordare però che la limitatezza delle risorse disponibili renderebbe impossibile estendere all'intera umanità lo stile di vita e di consumi di energia che caratterizza il mondo sviluppato. È per questo che alcuni sostengono la necessità di ricorrere alla "sobrietà", l'unico modo possibile, allo stato attuale, per assicurare a tutti una distribuzione equa delle risorse limitate a nostra disposizione.

Tale prospettiva di sviluppo generalizzato porterebbe a un rovesciamento del nesso causale, a cui ho accennato nelle pagine iniziali di questo lavoro, che dalla tecnologia va alla globalizzazione. Una globalizzazione "vera", che permetta all'umanità intera – e non soltanto a un suo sottoinsieme – di vivere al di sopra della soglia della povertà, impone infatti un enorme sforzo di ricerca e di sviluppo tecnologico, che consenta di soddisfare le necessità energetiche della popolazione che vive sulla terra grazie all'uso di risorse rinnovabili gestite in modo sostenibile[24]. Non sarebbe più la tecnologia, come è sempre storicamente stato, dunque, a stimolare la globalizzazione, ma quest'ultima a stimolare la tecnologia.

L'alternativa la conosciamo: è la lotta per assicurarsi la disponibilità delle poche risorse energetiche disponibili e gli ultimi anni, purtroppo, sembrano dare chiare indicazioni in questo senso.

6. Osservazioni conclusive

La globalizzazione è oggetto di innumerevoli analisi e interpretazioni. Alcune di queste individuano nel termine stesso un'accezione negativa, dovuta al carattere di ingovernabilità che i processi di integrazione economica internazionale, di per sé altrimenti generalmente auspicabili, assumono o possono assumere. È evidente che se tale fosse la situazione, le posizioni "illuminate" di chi argomenta in favore di un governo della globalizzazione sarebbero prive di senso, vista l'impossibilità "strutturale" di compiere tali operazioni di indirizzo e guida. Come qualunque altro fenomeno umano, tuttavia, la globalizzazione può e deve essere orientata e guidata. Solo un paziente dialogo, caratterizzato dal fatto che le voci di tutti abbiano un uguale peso, indipendente dalla rispettiva forza economica, potrà garantire lo sviluppo (oltre che la crescita) del mondo, in un contesto di apertura armonico non limitato alle sole merci e ai capitali, ma esteso anche - anzi, soprattutto - alle persone.

---

[24]I problemi dell'energia sono affrontati nei Capitoli 3 e 4.

Bibliografia

1. De Benedictis L, Helg R (2002) Globalizzazione, Rivista di Politica Economica. pp 139-209
2. Basevi G, Calzolari G, Ottaviano G (2001) Economia politica degli scambi internazionali. Carocci
3. Valli V (2002) L'Europa e l'economia mondiale: Trasformazioni e prospettive. Carocci
4. Acocella N (2005) La politica economica nell'era della globalizzazione. Studium, Carocci
5. Della Posta P (2006) Povertà e Disuguaglianza, Scienza e Pace, www.scienzaepace. unipi.it, n 12, Luglio
6. Bonaglia F, Goldstein A (2003) Globalizzazione e sviluppo. Il Mulino, Bologna
7. Bourguignon F, Coyle D (2002) Making sense of globalization: a guide to the economic issues, CEPR Policy paper n 8
8. Chen S, M Ravallion M (2004) "How have the world's poorest fared since the early 1980s?", disponibile all'interno del sito Povertynet della Banca Mondiale all'indirizzo: http://www.worldbank.org/research/povmonitor/MartinPapers/How_have_the_poorest_fared_since_the_early_1980s.pdf
9. Stiglitz J (2005) The overselling of globalization. In Weinstein M (ed) Globalization: What's new?. Columbia University Press
10. United Nations (2005) Human Development Report
11. Cigno A, Rosati F (2005) The Economics of Child Labour. Oxford University Press, Oxford
12. Basu K, PH Van (1998) The economics of child labor. American Economic Review 88: 412–427
13. Baldacci E, Clements N, Gupta S, Cui Q(2004) Social spending, human capital and growth in developing countries: implications for achieving the MDGs. International Monetary Fund Working Paper, WP/04/217
14. Rodrik D (1999) Globalization and Labour, or: if globalization is a bowl of cherries, why are there so many glum faces around the table?". In: Baldwin R, Cohen D, Sapir A e Venables A (eds) Market Integration, Regionalism and the Global Economy, CEPR/Cambridge University Press
15. Tobin J (1978) A proposal for international monetary reform. Eastern Economic Journal 4:153–159
16. Eichengreen B, Tobin J, Wyplosz C (1995) Two cases for sand in the wheels of international finance. Economic Journal 105:162–172
17. Ul Haq M, Kraul I, Grunberg I (1996) The Tobin tax: coping with financial volatility. Oxford University Press
18. Stiglitz J (2002) La globalizzazione e i suoi oppositori, Einaudi
19. Sachs J (2005) Globalisation and patterns of economic growth. In Weinstein M (ed) Globalization: What's new?. Columbia University Press, New York

3. Globalizzazione e politiche dell'energia: prospettive e motivi di incertezza

Alessandro Franco

1. Introduzione

Il tema dell'energia è oggi uno dei più dibattuti, avendo acquisito notevole rilevanza a seguito sia della riduzione delle riserve di combustibili fossili sia della crescita della domanda di energia. Quest'ultima è dovuta agli aumentati fabbisogni di Paesi emergenti e all'incremento dei consumi complessivi dei Paesi industrializzati (PI); è comunque strutturalmente connessa con l'aumento della popolazione. Se prima dell'inizio della rivoluzione industriale la terra ospitava un miliardo di persone, metà delle quali nella parte più economicamente sviluppata, oggi la popolazione mondiale è di oltre 6 miliardi e il rapporto tra la popolazione dei Paesi sviluppati e di quelli in via di sviluppo (PVS) è sceso ad 1:4 [1-3]. Quello dell'energia è un tema che ha subito sostanziali mutamenti proprio in conseguenza della globalizzazione. Le economie di mercato si basano sulla crescita della produzione, dei consumi e dell'economia; tutto si collega strettamente alla crescita dei consumi energetici, che hanno causato, già dal secolo scorso, una accelerazione dei processi di sfruttamento delle risorse e della loro trasformazione, con costanti di tempo molto diverse da quelle tipiche dei processi naturali di ripristino. Con la globalizzazione sono aumentate le opportunità per i PVS, teatro di una crescente industrializzazione legata a un intenso sfruttamento di risorse energetiche, che inevitabilmente fanno emergere elementi critici. Le istanze della globalizzazione hanno portato a ragionare come se non esistessero limiti fisici all'uso dell'energia, considerata come un fattore di produzione disponibile in misura illimitata. Un altro punto in cui economia e istanze di controllo dei consumi energetici non sono andate di pari passo è l'incremento degli spostamenti delle merci, che hanno contribuito ad accrescere i costi energetici: nel settore agro-alimentare ad esempio, notevoli sono i consumi di energia legati a trasporto e distribuzione, che si aggiungono a quelli produttivi [4].

Limitandosi al problema energetico, molte sono le questioni aperte. Dalla ridotta disponibilità dei combustibili che determina l'aumento del valore dell'energia e la crescita dei prezzi di fonti energetiche e prodotti trasformati (gli ultimi cinque anni sono stati segnati da una crescita continua del prezzo del petrolio e del gas naturale, come mai si era verificato nel Ventesimo secolo!), al crescente inserimento delle fonti energetiche e dell'energia all'interno di logiche finanziarie con l'accentuazione del carattere oligopolistico del mercato dell'energia, nonostante le crescenti liberalizzazioni dei mercati dei combustibili e dell'elettricità.

Un altro elemento di rilievo è l'emergere della questione ambientale, che sta determinando effetti indotti sulle politiche energetiche in termini strategici, tecnici ed economici [5, 6].

Per limitare gli effetti di quanto detto sopra, la strada che continua ad essere battuta è quella dell'aumento di efficienza dei sistemi (auto, elettrodomestici, impianti termoelettrici): questo è stato un elemento che ha contribuito positivamente al miglioramento delle condizioni di benessere ed alla riduzione degli impatti ambientali legati al singolo sistema, ma ha funzionato come un formidabile fattore di accelerazione dei processi di consumo delle risorse (effetto *Rebound*) e di incremento delle emissioni complessive [7, 8]. Dal punto di vista energetico i fatti nuovi sono rappresentati da un crescente impiego del gas naturale, la riproposizione del carbone come "fonte" per il futuro, il riemergere della "questione nucleare", il deciso sviluppo di nuove fonti rinnovabili (soprattutto in alcuni Paesi ad elevato tasso di sviluppo come Germania e Giappone) e la scommessa sull'uso dell'idrogeno come vettore alternativo [9, 10]. Nell'analisi della questione energetica oggi, si aprono tuttavia nuovi e più ampi scenari (geopolitici, tecnici, ambientali ed economici) che richiedono analisi sempre più complesse e articolate, ma anche visioni di sistema, che mal si conciliano con la necessità di risposte rapide a problemi contingenti.

2. Energia e fonti energetiche

L'energia esiste in varie forme: nucleare, chimica, elettromagnetica, elettrica, termica, meccanica. Le varie forme sono convertibili l'una nell'altra, attraverso uno o più passaggi intermedi; ogni passaggio comporta una degradazione. Esistono fonti energetiche primarie, secondarie, non rinnovabili, rinnovabili, quasi-rinnovabili, ed esistono i vettori energetici che permettono lo "stoccaggio" e il trasporto dell'energia. Tra le fonti non rinnovabili sono da annoverare i combustibili fossili - carbone, petrolio e gas naturale - e i combustibili nucleari, quali l'uranio. Tra le fonti rinnovabili, a quelle per lungo tempo utilizzate, quali le biomasse, l'energia idroelettrica e quella geotermica (in realtà fa parte delle "quasi rinnovabili" si aggiungono le nuove rinnovabili: tra queste ultime la solare (termica o fotovoltaica), l'eolica, i biocombustibili. Tra i vettori energetici continua a essere largamente utilizzata l'energia elettrica. Le fonti hanno caratteristiche intrinseche diverse, che riguardano il tipo di energia producibile (termica, meccanica, elettrica), la potenza specifica dei sistemi energetici che la utilizzano (energia per unità di massa, superficie occupata dagli impianti, ecc.), la taglia dei sistemi (economie di scala), la disponibilità (costante, periodica, casuale), i costi di approvvigionamento, impianto e manutenzione, l'impatto ambientale e i rischi associati.

I combustibili fossili si differenziano sulla base del potere calorifico inferiore, mentre per le fonti rinnovabili si identificano altri indicatori. Le fonti primarie (carbone, petrolio, gas naturale e combustibili nucleari) sono disponibili in quantità limitata e con tempi di ricostituzione molto lunghi. Le fonti rinnovabili (idroelettrica, eolica, solare, geotermica e biomasse), invece, sono sempre disponibili in quanto collegate a cicli naturali che ne favoriscono un rapido rinnovamento: tuttavia sono meno intense. Tra gli usi delle fonti energetiche se ne distinguono in particolare tre: termico, meccanico ed elettrico. Il fabbisogno prevalente di fonti energetiche riguarda oggi la mobilità (trasporti), la produzione di calore per riscaldamento, la climatizzazione e la produzione di elettricità [11]. Mentre i primi tre sono usi finali, il quarto è un uso intermedio, e consiste nella trasformazione delle fonti primarie in una forma di energia particolarmente idonea all'uso differenziato e alla distribuzione. Nel valutare l'approvvigionamento delle fonti di energia si possono usare varie unità di misura, che si differenziano sia in base al tipo di sorgente energetica sia in base al livello di trasformazione. Nel linguaggio corrente l'unità più nota per la misura dell'energia è il chilowattora (1 kW = $3,6 \cdot 10^6$ Joule). Su scala più estesa si utilizza la *tonnellata equivalente di petrolio* (Tep), ossia la quantità di energia (da una qualsiasi fonte), equivalente a quella generata dalla combustione di una tonnellata di petrolio.

I sistemi generalmente più efficienti sono quelli basati sull'uso dei combustibili fossili. Quelli basati sull'uso di fonti rinnovabili sono di solito meno efficienti. Ragioni di natura sia tecnica sia strutturale rendono molto diversi i sistemi basati sull'uso delle fonti fossili e di quelle rinnovabili e il rendimento non è certo l'unico indicatore da considerare per la valutazione del sistema di conversione energetica.

Il primo principio della termodinamica porta a pensare che tutte le forme di energia siano intercambiabili e che il calore possa essere convertito indiscriminatamente in lavoro. In realtà non tutti i tipi di energia sono equivalenti, infatti è possibile stabilire fra di loro una vera e propria gerarchia. Il secondo principio della termodinamica introduce il concetto di degradazione dell'energia. Da questo punto di vista un sistema basato sull'uso di una fonte rinnovabile, anche con efficienze minori, può determinare una minore degradazione dell'energia di un sistema energetico alimentato da un combustibile fossile [12].

Esistono poi anche alcune differenze strutturali; infatti se una centrale a ciclo combinato o una centrale nucleare di taglia 1000 MW occupano qualche decina di ettari di terreno (10^5 m^2), per una centrale solare di analoga potenza sarebbero necessari almeno 10^8 m^2 e 10^{10} m^2 per ottenere 1000 MW di energia termica da biomasse. Questo spiega in larga misura la "resistenza" dei combustibili fossili e la difficoltà della loro sostituzione.

3. Il legame tra economia ed energia

Sono ben note le correlazioni tra uso dell'energia e sviluppo socio-economico. Il passaggio da economie agricole a economie industriali ha indotto un significativo incremento dei consumi energetici, che sono passati da circa 0,5 Tep pro-capite annui in epoca greco-romana a circa 3-3,5 MTep pro-capite annui attuali.

Molto significativo è quello che è avvenuto nel secolo scorso [13]. L'analisi fa emergere il legame tra il consumo dell'energia e l'economia (se l'uso dell'energia è cresciuto di 13 volte, l'economia è cresciuta di 14 volte), ma altri dati fanno molto riflettere: la crescita dell'uso dell'acqua (9 volte), delle emissioni di anidride carbonica (17 volte a fronte di una crescita di 4 volte della popolazione).

Allo stato attuale si può individuare un livello di circa 2 Tep pro-capite annui come linea di demarcazione tra Paesi con un livello di sviluppo accettabile e Paesi poveri, anche se vedremo che tale livello di consumo non sempre garantisce condizioni accettabili per l'intera popolazione. Per valutare il legame tra economia ed energia è diffuso l'uso del dato di intensità energetica.

L'intensità energetica è da considerarsi un indicatore di produttività di impiego di risorse energetiche. L'intensità energetica lega un dato energetico con uno economico e ci dice quanti Tep occorrono per generare un milione di euro di PIL. Il valore medio dell'intensità energetica mondiale è oggi di poco inferiore ai 400 Tep/milioni di euro di PIL, mentre il Giappone o alcuni Paesi europei hanno intensità energetiche dell'ordine di 120-150 Tep/milioni di euro di PIL.

Una diminuzione dell'intensità energetica può infatti dipendere da una maggiore efficienza tecnica del sistema produttivo o civile, ma anche da cambiamenti strutturali nell'economia (la terziarizzazione, la sostituzione di produzioni energivore con l'importazione dei prodotti derivati) o da un incremento del valore aggiunto dei prodotti. A parità di consumi energetici assoluti, al diminuire del PIL, indice della ricchezza di un Paese, aumenta l'intensità energetica, sintomo di un uso poco razionale delle risorse disponibili: è la situazione tipica dei PVS. Nei Paesi più industrializzati, dal dopoguerra ad oggi, si osserva una notevole riduzione della intensità energetica, che si è molto accentuata a seguito della prima crisi petrolifera. Tuttavia la crescente domanda di energia da parte dei PVS (caratterizzata da elevate intensità energetiche!), delinea uno scenario in cui i consumi di energia sono destinati ad aumentare e l'intensità energetica complessiva a non diminuire.

4. Consumi energetici: evoluzione storica recente e situazione attuale

Petrolio e combustibili fossili sono fonti energetiche estremamente flessibili. Lo sfruttamento dell'energia contenuta nei combustibili fossili (carbone prima, petrolio poi, e infine gas naturale) ha contraddistinto, a partire dalla seconda metà del Settecento, il modo di produrre delle società occidentali. Lo sviluppo successivo e tutta la storia del Novecento non sarebbero immaginabili senza il carbone e le altre forme di combustibili fossili (Fig. 1).

Dall'analisi dei dati complessivi [1-3], emerge chiaramente che il peso è ancora sulle "spalle" dei combustibili fossili. Il nucleare dà un contributo abbastanza limitato (non oltre il 7%), anche perché contribuisce solo alla produzione di energia elettrica.

Un dato che si intreccia con la questione energetica è la crescita demo-

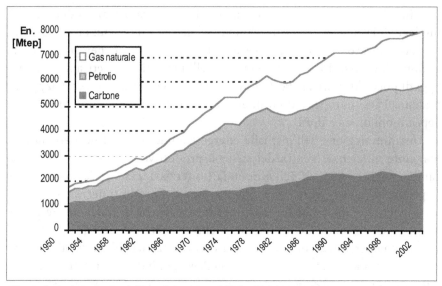

Fig. 1. Evoluzione storica dell'uso dei combustibili fossili dal 1950 al 2002

grafica. Oggi la popolazione mondiale è di oltre 6 miliardi di esseri umani a seguito di una crescita costante, anche se non uniforme. Nel 1950 la popolazione dell'Africa era metà di quella europea, nel 1985 all'incirca uguale (480 milioni di persone); nel 2025 la popolazione africana dovrebbe essere 3 volte più numerosa di quella europea (1,6 miliardi contro 0,5 miliardi). Tentiamo a questo punto di fare un quadro generale della questione energetica, andando a esaminare alcuni dati generali: consumi totali, distribuzione tra le varie zone del mondo, i trend e le fonti energetiche più utilizzate. A fronte di una popolazione mondiale di 6,2 miliardi, i consumi attuali sono di 10300 Milioni di Tep (MTep) e 14700 Terawattora (1 TWh=10^9 kWh) di energia elettrica (1 MTep=11,6 TWh) [1-3].

Una analisi più accurata dei dati fa emergere grandi differenze tra le varie zone geografiche (Nord America, Europa, Sud America, Asia, Sud-Est asiatico, Africa) (Tabella 1). Se nell'America del Nord i consumi pro-capite sono dell'ordine di 8000 kg di petrolio equivalente annui, in Africa e in Asia del Sud scendono a 600 e 400 kg pro-capite annui (livelli dell'epoca greco-romana). L'analisi dei dati dei singoli stati fa emergere ulteriori significative differenze (Fig. 2).

La differenza nei consumi energetici tra PVS e Paesi industrializzati è uno degli indicatori principali del divario di benessere. È anche vero che alcuni Paesi consumano molto in termini energetici senza che questo determini apparenti vantaggi. Giova tuttavia sottolineare che nell'analizzare que-

Tabella 1. Quadro complessivo dei dati energetici attuali identificando le varie zone del pianeta [1-3]

	Popolazione (milioni)	Prod. energetica (MTep)	Consumi energetici (MTep)	Consumi elettrici (TWh)
Mondo	6195,66	10305,74	10230,67	14701,24
OECD	1145,06	3847,06	5345,72	9212,82
Est Asia	172,76	1250,81	431,30	459,42
Ex URSS	286,76	1349,21	930,53	1117,33
EU non OECD	57,82	62,55	99,68	157,64
Cina	1287,19	1220,86	1244,95	1554,37
Asia	1988,11	1040,41	1183,91	1119,01
America Latina	425,54	628,18	454,75	652,74
Africa	842,43	906,65	539,85	427,93

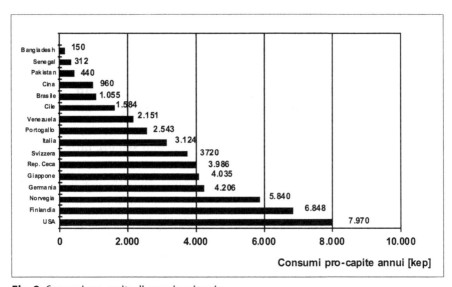

Fig. 2. Consumi pro-capite di energia primaria

sti dati occorre tenere ben presenti anche le differenze di carattere geografico e strutturale.

Con la globalizzazione, grazie alle maggiori possibilità di accesso alle risorse energetiche, si è venuta ad approfondire una differenziazione stutturale nella vecchia concezione di Paesi in via di sviluppo o Terzo mondo (Paesi che non appartenevano né all'Occidente industrializzato né al blocco sovietico). Un gruppo di Paesi asiatici (Corea del Sud, Taiwan, Singapore, Hong Kong), Paesi della America latina (Brasile, Venezuela, Ecuador) e i Paesi dell'OPEC (esportatori di petrolio) hanno compiuto una originale rivoluzione industriale basata sul basso costo della manodopera, o sulla valorizzazione delle materie prime. Intanto parte dell'Africa subsahariana e dell'Asia sono diventate il Quarto Mondo. Se si confrontano i dati degli ultimi 10 anni si osserva una sostanziale stazionarietà dei consumi energetici complessivi dei Paesi più sviluppati (effetto congiunto delle politiche di eco-efficienza, della dematerializzazione delle economie e del trasferimento industriale) e la forte crescita di PVS. I dati energetici fanno comprendere grandi differenze, ma essendo aggregati stimolano talvolta letture semplicistiche.

Non fanno emergere altre questioni: le differenze climatiche (che penalizzano Paesi come quelli Nord-Europei), la terziarizzazione delle economie, per cui non tutti i consumi energetici sono attribuibili agli stati in cui sono contabilizzati. Paesi che decentralizzano le loro economie spostano i consumi energetici in altri, continuando a beneficiare degli effetti economici.

5. Il problema energetico nel quadro della globalizzazione: i sistemi utilizzatori

La globalizzazione e la questione energetica si sono sempre intrecciate. Si può dire che il primo bene veramente "globalizzato" sia stato proprio l'energia. Questo per motivi strutturali ed economici (il petrolio e il gas naturale che hanno dominato gli ultimi 50 anni sono disponibili solo in alcune zone del pianeta). Negli ultimi dieci anni sono emersi fatti nuovi, che hanno cambiato la connotazione sia delle fonti energetiche, sia dei sistemi utilizzatori. Mentre il mercato delle fonti energetiche è stato sin dagli anni Cinquanta un mercato globale, i sistemi utilizzatori sono stati diversificati fino agli anni Novanta sulla base di un mercato geografico ristretto (aziende produttrici di sistemi termici, termoelettrici, e per la climatizzazione e aziende automobilistiche). A questo proposito si può ricordare che, nei principali Paesi europei, negli anni Sessanta-Settanta, una centrale termoelettrica veniva commissionata dall'ente di stato per l'energia ad aziende di stato. La globalizzazione ha portato una forte espansione degli scambi internazionali di energia nel settore delle fonti primarie (petrolio e gas naturale sopratutto!) ma anche a un cambiamento della natura dell'industria dei sistemi energetici.

Anche le aziende che operano nel settore dei sistemi utilizzatori (ad esempio gli impianti termoelettrici) non sono più basate su un mercato nazionale o continentale, ma grandi aziende "globalizzate" (General Electric, Siemens, Mitsubishi), che producono un ridotto numero di sistemi altamente standardizzati (ad esempio gli impianti a ciclo combinato alimentati a gas naturale), per i quali la riduzione dei costi specifici (euro per kW di potenza) è legata all'incremento delle taglie (economie di scala) e dei rendimenti.

Uno degli effetti principali della globalizzazione è stato il diffondersi nei PVS delle tecnologie a elevata efficienza, basate sull'uso del gas naturale. Ma quello che abbiamo appena accennato non è un elemento solo positivo [7, 8]. In generale, l'incremento di efficienza dei sistemi energetici ha storicamente spinto verso un incremento dei consumi anche laddove (Paesi industrializzati!) non sarebbero necessari per un reale miglioramento delle condizioni di benessere. È però anche vero che i crescenti consumi energetici e le produzione non sempre vanno a riverberarsi sulle economie dei Paesi che le producono e sono talvolta un effetto indotto della globalizzazione economica. Il crescere dell'importanza del ruolo delle aziende energetiche si è tradotto anche in effetti negativi: le loro decisioni sfuggono a ogni controllo da parte degli stati e hanno contribuito a far emergere il carattere finanziario del settore energetico modificandone l'originaria connotazione industriale. Il concentrarsi delle *energy companies* su operazioni finanziarie ha tuttavia avuto costi sociali ed economici enormi (si pensi ai fenomeni di black out dell'anno 2003), mettendo in evidenza la vulnerabilità delle società post-industriali e inducendo meccanismi talvolta poco razionali di approvvigionamento e uso di energia (soprattutto petrolio e gas).

6. Gli effetti indotti dalla globalizzazione e i motivi di incertezza sull'uso delle fonti fossili

Uno dei principali effetti della globalizzazione è stato quello di un significativo incremento dei consumi energetici di una crescente fascia di Paesi, una volta appartenenti al cosidetto "Terzo Mondo". Nello stesso tempo si è assistito alla trasformazione progressiva della questione energetica da problema a carattere prettamente "locale" a problema "globale". La prima crisi energetica degli anni Settanta può essere individuata per vari motivi come data di inizio della globalizzazione energetica. Da un lato per l'emergere di logiche transnazionali nel mercato energetico, dall'altra per l'emergere di

approcci fino a quel momento ignoti. Anche se la seconda crisi energetica
(1979-1981) fu probabilmente assai più grave della prima, una data assai
significativa è il ritorno di Hong Kong alla madrepatria (Cina) nel 1997 e l'i-
nizio dello sviluppo industriale della Cina. Dei combustibili fossili il petrolio è stato il primo a essere "globalizzato" perché è facilmente trasportabile
su terra (oleodotti) e su mare (petroliere), è facilmente stoccabile ed è poli-
valente. L'unità di misura del petrolio è il barile. Considerando che la densità convenzionale del petrolio è 800 kg/m³, si può ricavare una equivalenza
tra il barile e il Tep (1 barile = 0,1589873 m³ = 0,12718 Tep). Il petrolio copre
oggi circa il 35% del mercato energetico. La sua produzione è in crescita
costante a partire dai primi del Novecento a parte brevi fasi (prima crisi
energetica, 1973, seconda crisi energetica, 1979, prima guerra del golfo,
1990), come mostrato nella Figura 3. Quello del petrolio è un caso paradig-
matico e fa inquadrare l'importanza del problema energetico in chiave economica.

La sua utilizzazione è oggi legata al settore dei trasporti: la percentuale
di utilizzazione (Tabella 2), è oggi del 58%, ma in Paesi a forte sviluppo
come gli Stati Uniti, arriva al livello del 70%.

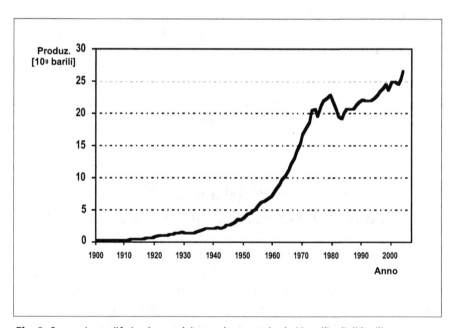

Fig. 3. Consumi petroliferi nel corso del precedente secolo: dati in miliardi di barili

Tabella 2. Usi finali del petrolio (valori percentuali)

	Industriali	Trasporti	Non energetici	Diversi
1973	26.2	42.2	6.4	25.2
2000	20.1	57.7	5.9	16.3

Il prezzo del petrolio sui mercati internazionali è un fattore molto importante e critico. Il mercato mondiale del petrolio è stato regolato, fino al 1973, da poche compagnie petrolifere multinazionali, le famose sette sorelle che, possedendo sia la materia prima (il greggio) che gli impianti di raffinazione, operarono per un certo tempo in regime di oligopolio. Il prezzo del petrolio veniva fissato attraverso accordi tra le principali multinazionali, cosicché le quotazioni non presentavano particolari oscillazioni; in seguito a questo la produzione è cresciuta in maniera continua.

Dopo il 1973 (Guerra del Kippur) si verificò uno spostamento del potere decisionale sulle condizioni dell'offerta di petrolio dalle multinazionali ai governi dei Paesi produttori (OPEC), anche se il peso delle multinazionali petrolifere è rimasto nel tempo sempre significativo.

In quella fase si ebbe il primo sensibile incremento del prezzo del petrolio (+240% in un mese). Un ulteriore significativo incremento (180% in 12 mesi) fu conseguente alla Rivoluzione Iraniana (1978-79). Gli anni Novanta vedono l'ingresso sul mercato di grandi aziende globalizzate, attive sia nel settore dei prodotti petroliferi che del gas naturale (la malaysiana Petronas o la canadese EnCana Corporation), mentre a partire dal 2000, si è avuto un aumento costante del prezzo del petrolio (+260% in 66 mesi), le cui cause sono da ricercarsi nell'ingresso sul mercato di nuovi competitori (quali Cina e India), e negli effetti di una temuta riduzione delle risorse. A parte queste tre fasi, l'incremento della produzione di petrolio è stata una caratteristica del Ventesimo secolo. La domanda mondiale di greggio cresce del 2% all'anno; questo da solo non spiegherebbe i meccanismi di aumento. Ma parlare di leggi di mercato in senso tradizionale nel caso del petrolio è quanto meno ingenuo. Il mercato del petrolio è legato a sottili equilibri di carattere geopolitico. Si è assistito negli ultimi anni a una concentrazione molto pericolosa del petrolio nell'area del Golfo Persico, dove si trovano i giacimenti sfruttabili, che sono destinati a diventare sempre più preziosi.

La situazione che si prospetta è quella di una sempre più forte competizione internazionale per il controllo diretto o indiretto di questi giacimenti e la possibilità che essi divengano oggetto di conflitti. Le riserve di petrolio accertate (R) sono di poco superiori a 1000 miliardi di barili equivalenti di petrolio (per la precisione circa 1024 bep). Circa i 2/3 di esse sono concentrati in cinque Paesi (Arabia Saudita, Iran, Iraq, Kuwait ed Emirati Arabi), soggetti negli ultimi anni a varie forme di destabilizzazione. Al tasso di produzione attuale (P circa 3500 MTep ossia oltre 25 Gbp/anno) queste garantiscono una produzione abbondante per meno di 40 anni.

Le stime delle risorse petrolifere mondiali sono prevalentemente in eccesso (si fondano sulle valutazioni dei Paesi produttori e delle compagnie petrolifere, che hanno interesse a sovrastimare la loro capacità produttiva) e pur se sulla questione esistono visioni contrapposte [14-16], crescenti sono i motivi di incertezza che suggeriscono la ricerca di vie alternative.

Il gas naturale è la seconda fonte per la produzione di energia elettrica e in alcuni Paesi (come l'Italia) ha assunto una importanza strategica, sia per il mercato elettrico sia per il riscaldamento domestico. Nato come mercato a carattere "regionale" (il trasporto veniva fatto attraverso gasdotti) si è negli ultimi anni trasformato in mercato globale grazie alla utilizzazione di nuove forme di trasporto e stoccaggio; in particolare viene liquefatto, trasportato con navi metaniere e rigassificato. La crescita dei volumi di scambio di gas liquefatto (*Liquefied Natural Gas*) è costante negli anni, ciò essendo legato al tentativo di sottrarre il controllo del mercato ai grandi monopolisti (ad esempio, russi). Anche il gas naturale tuttavia è soggetto a sottili equilibri di mercato e a problemi di esaurimento. Le riserve accertate di gas naturale ammontano a circa 162 mila miliardi m^3, che corrispondono a 994 miliardi di bep, un dato simile a quello del petrolio. La distribuzione geografica delle riserve è meno accentrata nella regione mediorientale e i consumi attuali, che sono minori del 40% rispetto al petrolio, assicurano un rapporto tra riserve stimate e produzione (R/P) superiore a 60 anni.

Una fonte di cui si risente parlare è il carbone. Questo soprattutto nei Paesi europei e ciò legato a motivi economici e geopolitici, dato che il carbone si trova un po' dappertutto e le riserve sono maggiori in quelle zone dove non c'è petrolio. Il carbone è circa 5 volte più abbondante del petrolio e del gas (circa 5100 miliardi di bep di riserve) ed è distribuito in maniera più omogenea.

Il rilancio del carbone sembra dunque una scelta strategica: se si osservano i progetti di ricerca europei recenti in ambito energetico, molti di essi sono direttamente legati all'uso del carbone. Ovviamente, il rilancio del carbone dovrà essere correlato alla messa a punto di soluzioni per la limitare le emissioni inquinanti, soprattutto di CO_2.

Questo perché il carbone produce molta più CO_2 del gas naturale (800-900 g/kWh di una centrale termoelettrica alimentata a carbone contro 350-400 g/kWh di un moderno impianto a ciclo combinato a gas naturale). Una riproposizione del carbone potrebbe collegarsi anche con lo sviluppo dell'uso di idrogeno come vettore energetico. Quest'ultimo infatti potrebbe essere utilizzato per stoccaggio e conservazione di energia prodotta dal carbone, permettendo di ridurne l'impatto ambientale. Esiste poi il campo "inesplorato" degli oli non convenzionali: le riserve individuate di oli non convenzionali che sono quei prodotti petroliferi non assimilabili al petrolio, sono 4 volte superiori a quelle di petrolio. Fattori geopolitici ed economici solleciterebbero l'utilizzazione di queste fonti.

7. L'energia nucleare e le fonti rinnovabili: quali prospettive possibili?

Tra quelle che sono le soluzioni di cui si discute per la questione energetica, riemerge in maniera importate l'opzione nucleare. La prima centrale costruita per produrre energia elettrica fu realizzata nell'ex Unione Sovietica nel 1954. Negli anni Sessanta e fino alla fine degli anni Settanta prevalse un clima di ottimismo sulle opportunità aperte dalla scoperta dell'energia nucleare, ritenuta in grado di fornire una quantità inesauribile di energia a prezzo estremamente basso. Il primo brusco stop al nucleare è successivo al primo serio incidente (Three Mile Island, 1979). Dal 1980 negli Stati Uniti cominciarono a essere cancellati i primi ordini e dieci anni dopo non si ebbero più commesse. Nel frattempo la crescente opposizione delle opinioni pubbliche e il più grave incidente di Chernobil (1986), decretarono un nuovo stop alle prospettive dell'energia nucleare, che è tuttavia la terza fonte per la produzione di elettricità (16% dell'elettricità prodotta, 7% dell'energia primaria). Alla fine del 2005, 30 nazioni risultano impegnate nel nucleare per un totale di 441 reattori e 359 GWe installati ed ora, pur se in modo controverso, si riparla di rilancio del nucleare. La riproposizione del nucleare, riguarda sia PI sia PVS (ad esempio, Iran).

Ma veramente il nucleare è una corretta soluzione a medio-lungo termine? E soprattutto il nucleare è economico? Se all'ultima domanda è lecito rispondere in modo negativo, il nucleare presenta innegabili vantaggi (vedi Capitolo 4): ridotto uso di combustibile (l'energia contenuta in 1 kg di uranio è di 3 ordini di grandezza superiore a quella dei combustibili fossili: 50 MJ/kg per il metano e $2 \cdot 10^5$ MJ/kg l'uranio), emissioni quasi nulle di gas clima-alteranti, ridotto impatto ambientale e occupazione territoriale (una centrale da 1000 MW copre un'area di qualche decina di ettari). Ma non è corretto tacere i problemi che presenta. A parte lo smaltimento delle scorie radioattive, ancora lontano da soluzioni, le riserve di uranio accertate sono di 2,5 milioni di tonnellate, concentrate in 7 nazioni (50% fra Canada e Australia e 40% tra Kazakistan, Namibia, Niger, Uzbekistan, Russia). La produzione del 2003 (35 000 tonnellate) copriva solo il 50% dei consumi; la restante parte era rappresentata dalle "forniture secondarie" (smantellamento di arsenali militari e nucleari). Da non sottovalutare è anche l'elevato uso di acqua di raffreddamento (la tecnologia non ha fatto registrare significativi miglioramenti dal punto di vista dell'efficienza termodinamica negli ultimi 30 anni).

Per il fronte delle energie rinnovabili, e il loro possibile inserimento nei futuri scenari energetici, sono soprattutto l'Europa e il Giappone che parlano di fonti rinnovabili.

Questo perché si sentono meno energeticamente autosufficienti e perché, prima di altri, hanno cominciato a valutare seriamente le problematiche ambientali. Le principali fonti rinnovabili in uso sono la idroelettrica e le biomasse (queste sono tuttavia utilizzate da Paesi che non hanno ancora operato una transizione economica, mentre le nuove rinnovabili stentano a emergere). A parte la filiera dei biocombustibili per autotrazione (biodiesel ottenuti da olio di colza, di mais e di girasole) esse vengono utilizzate per la produzione di energia elettrica. Come si può evincere dalla Tabella 3, se consideriamo le nuove fonti rinnovabili (solare ed eolico) il contributo è modesto (meno di 40 GW su 3500 GW complessivi installati), anche se si nota una interessante vitalità, soprattutto per il contributo della Germania (per l'eolico) del Giappone (per il fotovoltaico) e di altri Paesi europei, tutti a esclusione della Germania, poveri di fonti primarie.

Il contributo delle nuove rinnovabili (solare, eolica, biomasse, geotermia, mini-idroelettrico) ammonta a meno del 2% del consumo energetico mondiale: una quota trascurabile rispetto alla loro potenzialità. Nonostante la necessità di prudenza nella considerazione delle fonti rinnovabili, per evitare il rischio che queste finiscano per essere parassite delle fonti fossili, è auspicabile una crescita del loro impiego. Questo soprattutto in contesti come quello europeo, caratterizzati da ridotta crescita demografica, dove la natura diffusa delle fonti rinnovabili potrebbe consentire di coniugare produzione di energia e presidio del territorio, contribuendo a contrastare fenomeni di abbandono e degrado.

Tabella 3. Contributo delle fonti rinnovabili alla generazione elettrica (evoluzione storica)

Anno	Idroelettrico [MW]	Geotermico [MW]	Eolico [MW]	Fotovoltaico [MW]
1950	44956	200	-	-
1960	157080	374	-	-
1970	290607	711	-	-
1975	371495	1287	-	1,8
1980	466938	2471	10	6,5
1985	560956	4414	1020	22,8
1990	641731	5832	1930	46,5
1995	710973	6833	4780	77,6
2000	753861	7974	18450	288
2002	766467	8035	34224	520

8. La questione ambientale: da problema locale a globale

Le principali attività antropiche di carattere agricolo-rurale (agricoltura, caccia, pesca, allevamento, artigianato) hanno prodotto per lungo tempo impatti limitati, salvo per alcune attività che hanno causato alterazioni di ecosistemi locali ed estinzioni di specie animali e vegetali. Con gli anni la globalizzazione energetica ha finito per intrecciarsi con la questione ambientale, trasformatasi nel frattempo da locale a globale. Se in genere si pensa che chi produce sostanze inquinanti spesso ne subisce anche gli effetti (smog, piombo ecc.), nel tempo si è passati a fenomeni con conseguenze più generalizzate in termini spazio temporali (radiazioni, piogge acide legate alla produzione di ossidi di zolfo, SO_2, e di azoto, NO_2) e addirittura globali, come la riduzione della fascia di ozono e l'effetto serra (Fig. 4).

Con gli anni Ottanta si è assistito alla nascita di una sensibilità ambientale globale con i primi accordi multilaterali transnazionali. Con il Protocollo di Helsinki (1985), 8 Paesi Europei concordarono una riduzione del 30% rispetto al 1980 nelle proprie emissioni di SO_2 e NO_2. È uno dei primi accordi volontari internazionali intesi a porre rimedio a questioni di inquinamento transnazionale e, a partire da questa data, gli impatti diven-

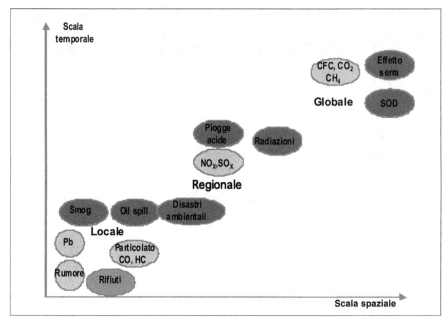

Fig. 4. Differenti livelli spazio-temporali degli impatti ambientali

tano sempre più importanti, e il modo di controllarli e limitarli un importante tema di dibattito. Con il Protocollo di Montreal (1988), 24 fra i Paesi
industrializzati si accordano per una riduzione concertata nella produzione
ed emissione di sostanze con effetti sull'ozono, tra cui i clorofluorocarburi
(CFC) e gli idrocarburi alogenati (HCFC). La Conferenza mondiale sullo
sviluppo di Rio de Janeiro (1992) pone la questione ambientale al centro
dell'attenzione e stabilisce la "Agenda 21": Europa e Giappone assumono un
ruolo guida e si delinea il ruolo ostruzionistico degli Stati Uniti. Con il
Protocollo di Kyoto (1997), i Paesi più industrializzati si impegnano a ridurre le emissioni dei gas clima alternanti (in particolare di CO_2) del 5,2%
rispetto al livello del 1990 entro il 2012. I PI si assumono l'impegno del controllo delle emissioni accogliendo il principio di responsabilità, secondo
cui, chi ha contribuito di più ai livelli attuali di concentrazione dei gas serra,
deve per primo sostenere il peso di una riduzione delle emissioni. I PVS
sono esentati per non porre limite alle loro prospettive di crescita economica. Questo è visto in maniera controversa, e infatti con gli anni 2000 la questione ambientale ha cominciato a giocare un ruolo di contrasto tra PVS e
PI, tra Europa e Stati Uniti, tra diversi approcci culturali [16-17].

Resta da capire quale possa essere il corretto approccio alla questione
ambientale, difficilmente controllabile per via tecnica (molti esempi posso-

no far riflettere sulla possibilità che la tecnologia da sola possa consentire di ridurre gli impatti ambientali).

È comunque chiaro che la riduzione delle emissioni passa attraverso due strade maestre: l'incremento di efficienza dei sistemi (politiche di eco-efficienza) e una forte penetrazione delle fonti rinnovabili. In questa fase, appare interessante il tentativo delle nuove scuole di pensiero (Economisti ambientali), che suggeriscono possibili vie per dare impulso a nuovi modelli di sviluppo basati su concetti di ecosostenibilità (ridotta intensità energetica e ridotto livello di emissioni inquinanti) [18]. Questi sono attualmente possibili solo nei Paesi industrializzati (PI), mentre i PVS tendono a percorrere le stesse vie battute dai primi (con enormi carichi inquinanti), e sono poco disponibili a utilizzare tecnologie energetiche innovative ed eco-sostenibili.

9. I problemi futuri e le possibili prospettive

Quali che siano le nuove ricette che emergeranno nel mercato dell'energia, alcune questioni sono da considerare come punti fermi. Limitando le previsioni a un ragionevole orizzonte temporale, si intravede un aumento del numero di concorrenti nell'approvvigionamento delle fonti energetiche primarie. A fronte di una stabilità della popolazione del nord del mondo, c'è da attendersi un notevole incremento di quella dell'area asiatica, caratterizzata da crescente grado di urbanizzazione. Questo pone problemi di non scarsa rilevanza, tra cui una significativa crescita dei consumi energetici. Visto che la domanda mondiale di energia cresce mediamente di circa il 2% annuo, il consumo medio complessivo mondiale ammonta a 1,7 Tep procapite annui e la popolazione del pianeta potrebbe raggiungere entro 20 anni il livello di 8 miliardi, è probabile che i consumi complessivi si possano attestare a quella data tra i 14500 e i 15000 MTep. È ragionevole ipotizzare che anche allora la domanda di energia sarà soddisfatta per circa un 80% da fonti fossili. Fattori di grande incertezza saranno la ridotta disponibilità di risorse, e una situazione sociale fortemente critica.

Un elemento molto problematico sarà il crescente grado di urbanizzazione dei PVS. Questo pone problemi notevoli sia sociali, sia legati soddisfacimento dei fabbisogni energetici: negli ultimi 20 anni si sono sviluppate molte megalopoli da oltre 10 milioni di abitanti (alle ben note Città del Messico, Il Cairo, Bombay, Calcutta, Pechino, Tokyo, si sono aggiunte negli anni Lima, San Paolo, Lagos, Teheran, Bangalore, Karachi, Tianjin, Dacca,

Bangkok e Jakarta) che sono dei contesti veramente problematici sia dal punto di vista energetico che ambientale. Nel caso si volesse riproporre il modello di sviluppo che ha caratterizzato i Paesi occidentali nel XX secolo, il problema asiatico è di crescente rilevanza, sia dal punto di vista tecnico sia socio-economico. L'emergere massiccio di fonti alternative (nuove rinnovabili ecc.) non è ipotizzabile, mentre ci sarà il tentativo di molti Paesi di ricorrere all'energia nucleare. È molto difficile, in questo contesto, pensare di proporre un modello di sviluppo che preveda il disaccoppiamento tra crescita economica e consumi energetici. Le domande su quale scenario possa essere ragionevole per i prossimi anni e su quale futuro sia ipotizzabile per Paesi non energeticamente indipendenti, come l'Italia, per evitare una riduzione del livello di consumi, restano aperte. Allo stesso modo restano ancora dubbi su possibili novità di rilievo in ambito energetico. A tale proposito, nucleare a parte, la riproposizione del carbone e delle nuove fonti rinnovabili e una significativa affermazione del vettore idrogeno, come elemento aggiuntivo rispetto all'energia elettrica, potrebbero permettere di riaggregare le comunità scientifiche su progetti multidisciplinari di grande portata e dare impulso a una nuova fase di sviluppo (simile a quella che caratterizzò le imprese spaziali degli anni Sessanta).

10. Conclusioni

Le sfide del futuro nel settore energetico, a cui la globalizzazione dovrebbe contribuire a fornire risposte, sono rappresentate da tre concetti chiave: sicurezza degli approvvigionamenti, economicità e compatibilità ambientale. Con il primo termine si intende la possibilità di garantire l'accesso all'energia commerciale a una percentuale sempre crescente di una popolazione. La parola economicità, sintetizza la prospettiva di garantire che il costo dell'energia rimanga al di sotto di una soglia non elevata del budget, mentre il termine compatibilità ambientale, richiama alla prospettiva di ridurre le emissioni nocive per l'ambiente. Dall'analisi sviluppata nel presente lavoro si può intuire come non esistano, almeno nel breve periodo, significativi margini sul lato dell'offerta. Il mercato dell'energia, destinato ad accentuare il suo carattere globale, rimarrà ancora dominato dai combustibili fossili (gas naturale e carbone) anche se si porrà in maniera sempre più seria la questione della riduzione della dipendenza dal petrolio. Non sembra destinato ad aumentare in misura significativa l'uso dell'energia nucleare e delle fonti rinnovabili. Sul piano dei sistemi utilizzatori, la via individuata e condivisa a tutti i livelli è quella dell'eco-efficienza, ovvero della riduzione dei consumi in termini relativi. Questa continuerà a rimanere una buona strategia in linea di principio, ma potrebbe produrre risultati opposti a quelli sperati se non verrà accompagnata da politiche di contenimento dei consumi di energia e delle emissioni in termini assoluti. Le incertezze demografiche sono limitate sul piano assoluto (nei prossimi 25-30 anni è facilmente prevedibile un incremento di oltre 1,5 miliardi di persone), ma sono maggiori sul grado di urbanizzazione e sull'emigrazione. È chiaro tuttavia che il decollo dello sviluppo in grandi aree (Cina ed India) potrà provocare grandi squilibri sia dal punto di vista dell'approvvigionamento energetico sia degli impatti ambientali e contribuisce ad aumentare i margini di incertezza nella previsione degli sviluppi futuri in ambito energetico, nel quale non si prevedono soluzioni innovative a breve.

Bibliografia

1. EIA, Annual Energy Outlook 2006. http://www.eia.doe.gov/oiaf/aeo/index.html
2. IEA, Key World Energy Statistics. 2004 Edition. http://library.iea.org/dbtw-wpd/Textbase/
3. BP Statistical Review of World Energy 2005. http://www.bp.com/statisticalreview
4. Green BM (1978) Eating Oil – Energy use in food production. Westview Press, Boulder, CP
5. Giampietro M, Mayumi K (1998) Another View of Development, Ecological Degradation, and North-South Trade. Review of Social Economy 56:20-36
6. Hall CAS, Lindenberger D, Kummel R e coll (2001) The need to reintegrate the natural sciences into economics. BioScience 51:663–673
7. Herring H (1999) Does energy efficiency save energy? The debate and its consequences. Applied Energy 63:209-226
8. Herring H (2006) Energy efficiency – a critical view. Energy 31:10-20
9. Silvestri M (1988) Il futuro dell'energia (The energy future). Bollati Boringhieri Torino
10. Rifkin J (2002) Economia all'idrogeno. Mondadori, Milano
11. Comini G, Cortella G, Croce G (2005) Energetica Generale. (3ed) SGE Editoriali, Padova
12. Bejan A (1998) Advanced Engineering Thermodynamics John Wiley & Sons, New York
13. McNeill JR (2000) Something new under the sun. Penguins Books, New York London
14. Laherrère JH (1999) Reserve growth: technological progress, or bad reporting and bad arithmetic. Geopolitics of Energy
15. Campbell C (2003) The Essence of Oil & Gas Depletion. Multiscience Publishing, Brentwood
16. UNEP (1999) Global Environment Outlook 2000 (GEO-2000). www.unep.org/Geo2000/
17. Lomborg B (2001) The Skeptical Environmentalist. Cambridge University Press, UK
18. Pearce DW, Turner RK (1990) Economics of Natural Resources and the Environment. Harvester Wheatsheaf, Hertfordshire, UK

4. Il "Rinascimento Nucleare" sarà trainato dalla globalizzazione economica?

Sandro Paci

1. Introduzione

Nel corso dell'ultimo decennio il fenomeno della globalizzazione dei mercati è stato sempre più discusso, analizzato e documentato. Brevemente, questo aspetto della globalizzazione può essere definito come l'integrazione dei mercati e del comportamento competitivo delle diverse industrie su scala mondiale. In realtà, dietro questa semplice definizione il fenomeno può essere visto come il complesso insieme dei cambiamenti di mentalità e di comportamento all'interno delle singole industrie che tendono a facilitare una loro concorrenza globale. Questi cambiamenti ruotano intorno a due temi centrali: l'efficiente flusso delle informazioni e il rapido adattamento della tecnologia ai cambiamenti richiesti dal mercato.

Mentre questa globalizzazione è già pienamente realizzata nei settori dell'industria elettronica e delle comunicazioni, la tendenza verso una completa globalizzazione caratterizza ormai anche le industrie del settore tecnologico. In particolare questa tendenza è stata ed è di vitale importanza nella tecnologia nucleare e si è già manifestata in una serie di acquisizioni che hanno realizzato praticamente il processo di globalizzazione per l'industria nucleare:

- la nascita nel 2001 del gigante francese pubblico AREVA, con la fusione in esso delle tre più importanti realtà industriali della nazione guida in Europa per l'utilizzo dell'energia nucleare: Framatome, COGEMA e del settore industriale del *Commissariat à l'Énergie Atomique* (CEA);
- la nascita nello stesso anno di Framatome ANP (*Advanced Nuclear Power*), trasformatasi dal 1 marzo 2006 in AREVA NP, controllata al 66% da Framatome e al 34% dalla Siemens (D), e destinata alla commercializzazione del nuovo reattore franco/tedesco *European Pressurized Reactor* (EPR);

- l'acquisizione nel 1999 della divisione nucleare della storica *Westinghouse Electric Corporation* (con l'eccezione strategica dei reattori navali) da parte della *British Nuclear Fuels Limited* (BNFL), seguita nel 2000 dalla acquisizione, da parte della stessa BNFL, anche della svizzera ABB Nucleare con la nascita della *Westinghouse Electric Company* e infine dalla cessione dell'intero business nucleare il 6 febbraio 2006 alla Toshiba.

In questi ultimi anni, parallelamente a questo forte processo di ristrutturazione e di globalizzazione dell'industria, si è assistito anche ad una ripresa dell'interesse verso l'energia nucleare. Fattori economici, ambientali e politici si stanno infatti riallineando, trainando questa rinascita nell'interesse verso l'uso dell'energia nucleare per la produzione di energia elettrica. Sulla base dei fattori economici che guidano i mercati dell'energia elettrica (e del fatto che l'attuale parco di centrali nucleari si stia avvicinando alla conclusione del suo ciclo di vita), esiste una forte spinta per nuovi ordini, concretizzatasi nell'Unione Europea già all'inizio nel 2005 con il via ai lavori per la realizzazione dell'EPR (come visto precedentemente un reattore di concezione franco tedesca) in Finlandia. Sono comunque ancora presenti barriere significative, sia tecnologiche che politiche e sociali, a questo "Rinascimento Nucleare", barriere legate soprattutto ai lunghi tempi di costruzione di un nuovo impianto (ridotti tuttavia a circa 5 anni), ai costi della sicurezza e della dimostrazione della sicurezza stessa, alla gestione dei rifiuti radioattivi a lunga vita e soprattutto all'accettabilità sociale di un impianto nucleare (problema quest'ultimo comunque comune a tutte le grandi opere).

Ma che cosa è il "Rinascimento Nucleare"? Questo termine è divenuto ormai di largo impiego, senza una definizione univocamente accettata, esplicita e quantitativa. La definizione che sarà utilizzata nel presente contributo è quella di uno «spostamento significativo del mercato elettrico verso la realizzazione di nuove e più economiche centrali elettro-nucleari rispetto alla realizzazione di centrali a combustibile fossile». Nel fotografare questo rinascimento è fondamentale capire il perchè di questo cambiamento e ampliamento nel mercato nucleare (e come questi due fenomeni siano legati all'aumento del costo dei combustibili fossili, all'adozione di una tassa sulle emissioni di gas clima-alteranti e a un'effettiva riduzione del costo dei nuovi impianti), ma soprattutto le ragioni della ripresa della costruzione di nuovi impianti elettro-nucleari rispetto a precedenti scenari storici di parziale stagnazione, almeno in Europa (con l'esclusione però di alcune realtà significative) e nel Nord America.

2. Il problema energetico e lo sviluppo del mercato dell'energia nucleare

Il legame tra "Rinascimento Nucleare" e globalizzazione è comunque solo una piccola parte delle complesse problematiche legate all'approvvigionamento energetico mondiale e ai suoi molteplici legami con il fenomeno *globalizzazione*. Un altro aspetto che deve essere sicuramente considerato in queste analisi è come questa globalizzazione dell'economia stia ancor di più accentuando le disparità regionali fra le varie aree del mondo, anche in campo energetico.

«Benché sia vero che la crescita della globalizzazione porta con sé delle conseguenze positive come l'aumento dell'efficienza e l'incremento della produzione, tuttavia, essendo retta dalle leggi di mercato applicate secondo i vantaggi dei potenti, ha anche altre conseguenze estremamente negative: ..., la disoccupazione, la diminuzione e il deterioramento di alcuni servizi pubblici, la distruzione dell'ambiente naturale, la crescita del divario tra ricchi e poveri, un'ingiusta competizione che colloca le nazioni povere sempre più in basso» (Cardinale D. Tettamanzi, intervista a La Repubblica del 23 giugno 2001).

Anche per affrontare il problema energetico nel suo complesso sarebbe necessario un diverso modello di globalizzazione, poiché i meccanismi spesso selvaggi del mercato hanno mostrato i loro limiti. Negli ultimi 2000 anni il fabbisogno di energia globale è aumentato di ben 70 volte (da 0,15 a 10,3 Gtep/anno – dove per *tep* si intende l'energia corrispondente alla combustione di una tonnellata di petrolio; convenzionalmente 1 tep equivale a 10 milioni di kcal), la popolazione mondiale di 20 volte (da circa 300 milioni a 6,2 miliardi) e il consumo pro-capite è quindi triplicato (da 0,5 a 1,7 tep/anno). Ma questa media globale è poco indicativa e nasconde nella realtà un forte squilibrio nei consumi pro-capite delle diverse aree del pianeta (Fig. 1). Per leggere ancora meglio le cifre di questa figura si tenga presente come 0,11 tep/anno siano la pura sopravvivenza, 0,5 tep/anno il consumo pro-capite nell'epoca greco-romana, 1,0 tep/anno il consumo in Italia nel 1939 contro i 3,5 tep/anno nel 2000.

Inoltre, per comprendere ancora meglio l'attuale scenario energetico mondiale, basta visualizzare (Fig. 2) la portata dell'aumento dei fabbisogni energetici degli ultimi 30 anni (circa un raddoppiamento!) e attraverso quali fonti questi fabbisogni siano stati soddisfatti, considerando due date

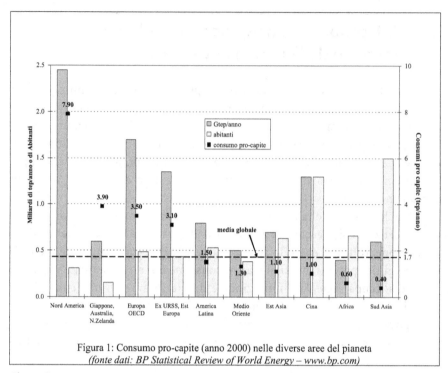

Figura 1: Consumo pro-capite (anno 2000) nelle diverse aree del pianeta
(fonte dati: BP Statistical Review of World Energy – www.bp.com)

Fig. 1. Consumo pro-capite (anno 2000) nelle diverse aree del pianeta. Da: BP *Statistical Review of World Energy*, www.bp.com.

simbolo: 6 Ottobre 1973 (guerra del Kippur) e 11 Settembre 2001 (attentato alle Torri Gemelle). Nella Figura 2 si evidenzia anche il mutamento nelle fonti energetiche che hanno soddisfatto questi fabbisogni, con l'aumento sia del contributo del gas naturale (+5%) sia del nucleare (+6%), e come invece sia diminuito percentualmente l'impiego del carbone (-1,5%) e soprattutto del petrolio (-10,1%).

Sebbene il contributo dell'energia nucleare al fabbisogno mondiale quindi non sia mai stato in discussione, perchè si torna nuovamente a parlare con sempre maggior interesse di questa tematica? Una risposta deriva dall'analisi storica dell'affermarsi di questa tecnologia per la produzione di energia elettrica, riportata nella Figura 3, sia in termini di capacità totale installata che in numero di impianti in costruzione nel mondo.

Dopo una rapidissima crescita iniziale (~700%) del numero di impianti negli anni Settanta, soprattutto a seguito della crisi petrolifera legata alla guerra del Kippur, nel 1979 è avvenuto negli Stati Uniti l'incidente di TMI-2 che ha portato al blocco degli ordini soprattutto in questo Paese, fino ad allora leader nell'impiego di tale fonte. Ma negli anni Ottanta – ben dopo

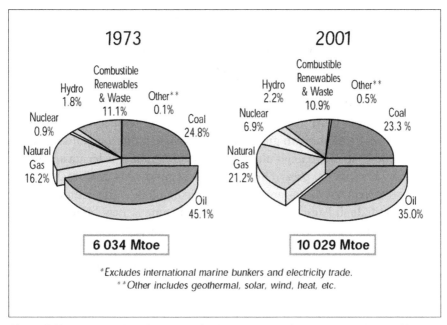

Fig. 2. Fabbisogno mondiale di energia. (Da: IEA *International Energy Agency, Key World Energy Statistics*, 2003)

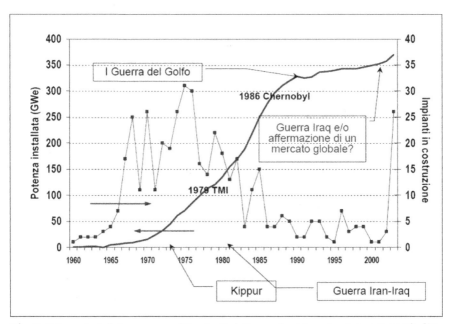

Fig. 3. Potenza installata e numero di impianti elettro-nucleari in costruzione nel mondo. [Da: IAEA *Power Reactor Information System* (PRIS)]

l'ultimo ordine negli Stati Uniti, ma in parallelo alla guerra fra Iran e Iraq – si ha ancora una forte crescita percentuale del nucleare a livello mondiale (~160%), dovuta al completamento degli ordini già avviati e all'aumento della capacità degli impianti esistenti. Questa fase è seguita da una crescita modesta, ma costante, negli anni Novanta (nonostante l'onda emotiva legata all'incidente di Chernobyl nel 1986) per la realizzazione di impianti elettro-nucleari solo fuori dagli Stati Uniti e, ancora, all'aumento della capacità produttiva degli impianti già esistenti. Si assiste infine a una nuova ripresa nel trend costruttivo negli ultimi 5 anni (indubbiamente legata anche alla fortissima crescita del prezzo del petrolio a seguito della crisi irachena, ma anche all'affermarsi di un mercato energetico globale e alla comparsa sulla scena mondiale di Paesi divoratori di energia come la Repubblica Popolare Cinese e l'India). Al luglio 2006, i 27 impianti in costruzione nel mondo sono ripartiti per area geografica come riportato nella Figura 4.

Questa breve analisi dello sviluppo storico dell'energia nucleare per uso pacifico ci permette di trarre alcune lezioni importanti ai fini della comprensione della portata dell'attuale "Rinascita Nucleare". In primo luogo è possibile, dal punto di vista delle capacità industriali, tornare a un tasso di accrescimento assoluto simile a quello degli anni Settanta, quando centinaia di impianti nucleari erano in costruzione nel mondo, ma sarà impossibile tornare al tasso di accrescimento relativo del 700% considerando l'attuale flotta di circa 440 impianti esistenti al mondo. In secondo luogo, vi è un'inerzia significativa nell'industria nucleare dovuta soprattutto alla lunghezza dei tempi di costruzione dei nuovi impianti: anche se una rinascita nucleare fosse completamente realizzata, questa non potrà avvenire in breve tempo. In terzo luogo, persino un ritorno al tasso di accrescimento assoluto degli anni Settanta (non a quello relativo del 700%), comporterebbe un incremento significativo del livello corrente nel commercio internazionale di tecnologia nucleare.

Su quali saranno invece i futuri scenari energetici esistono previsioni di ogni tipo, legate ai diversi modelli di sviluppo economico ipotizzabili e alla crescita demografica mondiale, i quali comunque praticamente concordano nell'affidare un ruolo importante all'utilizzo dell'energia nucleare e un affermarsi delle energie rinnovabili, con un probabile avvio anche dell'impiego del vettore energetico idrogeno. Un'analisi approfondita di questi scenari esulerebbe però dallo scopo di questo contributo. Più semplicemente possiamo porci la domanda di quali saranno le tecnologie energetiche che nei prossimi decenni potranno soddisfare la crescita della domanda elettrica. Per rispondere a questa domanda è già possibile individuare quali sono le forze che ne influenzeranno queste scelte energetiche:

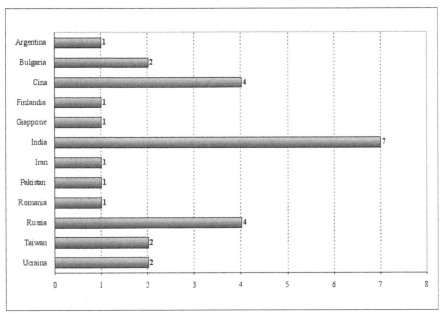

Fig. 4. Numero di reattori in costruzione nel mondo al luglio 2006. [Da: IAEA *Power Reactor Information System* (PRIS)]

- la globalizzazione del mercato, con l'affermarsi di nuovi ed enormi mercati con un conseguente fortissimo aumento della richiesta energetica;
- la richiesta sempre più forte di nuovi modelli di sviluppo basati sull'ecosostenibilità, attualmente possibili solo nei Paesi industrializzati; l'altra parte del mondo sta oggi percorrendo le stesse vie già percorse dalle aree industrializzate del pianeta, con enormi carichi inquinanti, e non è disponibile a utilizzare tecnologie innovative ed ecosostenibili se prima queste non saranno provate con successo nei Paesi industrializzati. Al contrario, solo tecnologie provate e economicamente competitive potranno affermarsi in Paesi con carenze d'infrastrutture e di capitali finanziari;
- l'innovazione tecnologica, con un contemporaneo forte sviluppo delle energie rinnovabili (vento, sole, biomasse, anche se quest'ultime in competizione con il terreno agricolo per il bisogno primario della sopravvivenza), e un molto probabile "Rinascimento Nucleare" con impianti di nuova concezione (ma ordinati "chiavi in mano" a poche industrie globali, a differenza di ciò che era avvenuto nelle prime due decadi di sviluppo dell'industria nucleare), seguito infine dal passaggio all'uso del vettore energetico idrogeno. Le scarse risorse finanziarie sono però un

ostacolo allo sviluppo e all'interiorizzazione della tecnologia nucleare da parte dei Paesi in via di sviluppo: esercire in *leasing industriale* le nuove centrali elettro-nucleari e il relativo ciclo del combustibile potrebbe forse consentire un accesso alla risorsa nucleare a un numero molto più elevato di nazioni e portare quindi a una vera globalizzazione del mercato.

3. Globalizzazione e "Rinascimento Nucleare"

Come già descritto, la globalizzazione ha già avuto nei confronti dell'energia nucleare un enorme impatto di ristrutturazione e di concentrazione internazionale delle capacità, sia per quanto riguarda gli elettroproduttori che i venditori di tecnologia nucleare, con una forte espansione del volume degli scambi internazionali di tecnologia nucleare principalmente fra Stati Uniti, Canada, Europa, Russia, Giappone, Taiwan e Corea del Sud, ma anche verso nuovi Paesi a forte crescita economica (come la Repubblica Popolare Cinese, l'India e l'Iran). È quindi facilmente prevedibile un ulteriore rafforzamento della globalizzazione dell'industria nucleare, con l'emergere di pochissimi progetti di riferimento (chiamati di Generazione III o superiore). La riduzione dei costi necessaria per l'affermazione commerciale di questi nuovi progetti viene e verrà, infatti, sempre più facilmente raggiunta da industrie non più basate su un mercato tipicamente nazionale (Stati Uniti, Canada, Francia, Gran Bretagna, come nei precedenti progetti di Generazione I) o continentale (Nord America, Europa, Asia, per gli impianti di Generazione II). Vi è quindi una nuova attenzione verso un mercato geograficamente mondiale e alcuni dei progetti più interessanti dei reattori di nuova generazione, sviluppati da consorzi internazionali, saranno commercializzati su scala mondiale da pochissime grandi industrie "globalizzate".

Vediamo ora un'analisi più dettagliata dei tre aspetti fondamentali del legame fra globalizzazione e Rinascimento Nucleare:
- globalizzazione come integrazione del mercato;
- globalizzazione dell'industria nucleare;
- emergere sulla scena mondiale di reattori nucleari di nuova generazione, destinati a un mercato globale.

3.1 Globalizzazione come integrazione del mercato

Per integrazione del mercato si intende una mancanza di sistematiche differenziazioni del prodotto nei diversi mercati geografici. Mentre alcuni aspetti della tecnologia nucleare (in particolare l'arricchimento dell'uranio) sono da sempre connotati da un mercato su scala mondiale, i diversi progetti di reattore sono stati sostanzialmente diversificati, durante le prime due decadi di sviluppo e affermazione dell'industria nucleare, sulla base di un mercato geograficamente ristretto.

Nell'attuale scenario stanno invece emergendo e affermandosi alcuni progetti di riferimento (in particolare l'AP-1000 e l'ABWR statunitensi/nipponici (*Advanced Boiling Water Reactor*) e l'EPR franco/tedesco, sviluppati rispettivamente da Westinghouse Electric Company, General Electric/Toshiba e AREVA) potenzialmente competitivi su di una base mondiale, ma destinati solo a Paesi a forte economia per la loro grossa "taglia", ben superiore ai 1000 MWe. Lo sviluppo e le procedure autorizzative di questi progetti hanno richiesto e continuano a richiedere investimenti notevolissimi, e ciò è stato un forte incentivo nella loro commercializzazione su scala globale.

Un'ulteriormente migliorata economia, fondamentale sia per il consolidarsi del Rinascimento Nucleare che per la piena integrazione del mercato della tecnologia nucleare, è però legata alla comparsa di nuovi impianti, definiti di "Generazione III+" e al progetto internazionale "Generation IV" (lanciato inizialmente da Stati Uniti, Giappone, Gran Bretagna e Francia cui si sono poi aggiunte Unione Europea, Argentina, Brasile, Canada, Corea del Sud, Sud Africa e Svizzera) discusso nel seguito del contributo.

3.2 Globalizzazione dell'industria nucleare

Un'efficace riduzione dei costi è stato un prerequisito per la sopravvivenza delle industrie produttrici di tecnologia nucleare in un mercato ristretto come numero di possibili acquirenti, ma già globale, ed è stata la principale ragione per le grandi acquisizioni e i consolidamenti che hanno caratterizzato l'industria nucleare nell'ultimo decennio.

Un mercato numericamente in forte espansione come l'attuale mercato energetico mondiale non rimuoverà certamente la necessità di un'ulteriore riduzione del costo del kWh elettro-nucleare; infatti solamente un chiaro (includendo quindi nelle valutazioni economiche anche le cosiddette *ester-*

nalità ambientali, cioè tutti i costi per l'ambiente lungo tutta la catena produttiva che sono stati finora trascurati) e netto vantaggio economico rispetto alle altre fonti di energia (in particolare carbone e gas naturale) potrà
ulteriormente trainare la crescita del mercato nucleare e le grandi industrie
"globalizzate" rendono già possibile questa ulteriore e necessaria riduzione
dei costi, in particolare attraverso la riduzione del costo dell'impianto stesso e dei tempi di realizzazione. Attualmente però solo pochissime industrie
sono presenti sul mercato globale, con il rischio di emergere di posizioni
praticamente monopolistiche, come quella in Europa del gruppo AREVA.

3.3 Evoluzione delle diverse tipologie di Impianti Nucleari

Per comprendere quante industrie "globali" saranno le protagoniste della
rinascita nucleare, è preliminarmente necessaria un'analisi relativa alle
tipologie di impianto elettro-nucleare attualmente disponibili o in fase di
progetto. La Figura 5 presenta uno schema che descrive lo sviluppo storico
delle diverse tipologie di impianto fra il 1950 e il 2030, dove le cinque
Generazioni successive rappresentano la classificazione definita dal
Dipartimento per l'Energia (DOE) statunitense. Dopo la prima
Generazione, destinata prevalentemente a un mercato interno (inizialmente solo negli Stati Uniti e in alcuni stati europei) si è passati con la
Generazione II all'affermazione commerciale della tecnologia nucleare su

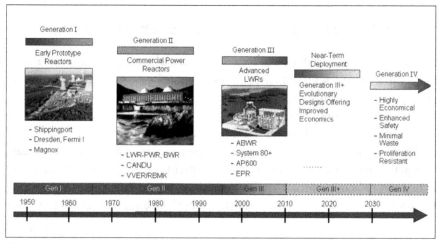

Fig. 5. Sviluppo delle diverse tipologie di reattore nucleare fra il 1950 ed il 2030. (Da: *Generation IV International Forum* web-site)

una scala di tipo "continentale" (in Europa, America del Nord ed Asia) fino ad arrivare agli attuali impianti di Generazione III, destinati a e realizzati in tutti i Paesi industrializzati o a forte economia. Solo i futuri impianti di Generazione III+ e IV possono però essere pensati come veramente destinati a un mercato "globale". Per comprendere il perché di queste ultime due affermazioni è necessario analizzare più in dettaglio alcuni aspetti strettamente tecnologici.

Come già detto, l'attuale stato dell'arte nella tecnologia nucleare è rappresentato dagli impianti di Generazione III; di questa generazione sono stati realizzati o sono in fase di avanzata realizzazione sei ABWR in Giappone e Taiwan (di cui tre già connessi alla rete a partire dal 1996 e tre in fase di realizzazione) e una centrale EPR in Finlandia (più l'EPR già autorizzato in Francia), ed è stato certificato dall'ente di controllo statunitense il progetto standard dell'AP-1000 (tutti questi impianti sono pronti per la gara cinese relativa alla realizzazione di 20 unità), oltre ad alcuni progetti ancora in uno stadio di sviluppo meno avanzato, come l'Advanced CANDU Reactor ACR-1000 in Canada. Questi impianti di Generazione III incorporano alcune nuove caratteristiche di sicurezza e di resistenza, anche a incidenti con danneggiamento del combustibile nucleare. I loro costi d'investimento specifico, detti anche *Engineering Procurement and Construction Overnight Costs* (EPCOC), (sono i costi che si dovrebbero esporre se l'intero progetto potesse essere realizzato in un singolo giorno, ossia non tenendo conto dei costi associati ai tempi di realizzazione dell'impianto come interessi e inflazione), sono stimati fra i 1200 e 1500 €/kWe in funzione della tipologia di reattore oltre che dal Paese e dal sito prescelto (circa 1500 €/kWe per l'EPR, e un valore tra i 1200 e 1500 €/kWe per l'ABWR e l'AP-1000). Per essere sicuramente competitivi nell'odierno mercato libero dell'energia elettrica, una centrale dovrebbe però avere dei costi d'investimento più vicini ai 1000 €/kWe. Quindi le nuove centrali nucleari di Generazione III possono fornire un contributo rilevante in mercati in cui non siano disponibili risorse energetiche per la produzione di elettricità globalmente competitive e sia necessario adempiere agli impegni del trattato di Kyoto, risultando pertanto adatte a Paesi con una forte economia che necessitino di grandi quantità di energia. I principali vantaggi delle attuali tipologie di impianto possono essere riassunti nei due punti seguenti:

- mancanza di emissioni di gas ad effetto serra;
- costo del kWh decisamente competitivo in determinate situazioni di mercato nonostante l'alto costo capitale come nel caso della realizzazione in Finlandia dell'impianto EPR (costo di produzione stimato 24 €/MWh, contro i 43 €/MWh del carbone, 38 €/MWh di un ciclo com-

binato e 50 €/MWh dell'eolico, fonte *University of Technology Lappeenranta*, 2003), costi sostanzialmente confermati anche per una realtà economica come quella italiana da un recentissimo studio del Centro Elettrotecnico Sperimentale Italiano (CESI).

Gli svantaggi maggiori sono invece individuabili (vedi Capitolo 3) nei seguenti punti:

- limitato sfruttamento della risorsa uranio, legato all'utilizzo principalmente della fissione dell'isotopo U-235 e solo parzialmente di quella del ben più abbondante U-238 (con una "non sostenibilità" dello sviluppo, compromettendo infatti la possibilità delle future generazioni di perdurare nello sviluppo stesso per la mancata preservazione della qualità e la quantità delle risorse naturali). Il problema può essere in parte compensato dall'utilizzo di combustibili MOX – Ossidi misti di U-Pu – (vedi Appendice), dall'utilizzo di materiale fissile proveniente dallo smantellamento degli arsenali nucleari, che ha coperto circa il 40% dei consumi nel 2004 (fonte *OECD Red Book*), e infine, da una distribuzione grossolanamente uniforme dell'uranio sul pianeta, con concentrazione della produzione anche in stati diversi da quelli tradizionali delle fonti fossili (Tabella 1), che favorisce una stabilità "politica" delle forniture.

Tabella 1. Risorse di uranio stimate nel mondo. Da: OECD, *Uranium 2005: Resources, Production and Demand - "Red Book"*

Paese	Tonnellate	% nel mondo
Australia	1143000	24
Kazakistan	816000	17
Canada	444000	9
Stati Uniti	342000	7
Sud Africa	341000	7
Namibia	282000	6
Brasile	279000	6
Niger	225000	5
Federazione Russa	172000	4
Uzbekistan	116000	2
Ucraina	90000	2
Giordania	79000	2
India	67000	1
Cina	60000	1
Resto del mondo	287000	6
Totale	474000	

- grande taglia, superiore a 1000 MWe, che rende la competitività economica ancora variabile da Paese a Paese, e l'elevata quantità di acqua di raffreddamento necessaria, anche se paragonabile a quella richiesta da una centrale termoelettrica a carbone od olio combustibile di pari taglia;
- difficile accettabilità sociale, anche questa fortemente variabile da Paese a Paese e del tipo NIMBY (*not in my back yard*), legata soprattutto al timore di rilasci radioattivi e alla gestione delle scorie (con questo termine si indica il combustibile esaurito, il cosiddetto *spent fuel* originatosi all'interno del reattore nel corso dell'esercizio; esse rappresentano una piccola parte, circa il 3%, dei rifiuti radioattivi, ma contengono il 95% della radioattività, vedi Appendice).

Vi sono però nuove tipologie emergenti (Generazione III+) più economiche rispetto alla precedente Generazione III e, insieme alla futura Generazione IV, proiettate a ottenere un costo di impianto molto più vicino ai 1000$ per kWe. Il pieno sviluppo globale dell'industria nucleare dipenderà quindi in larga misura da quanto velocemente queste nuove Generazioni saranno realizzate e dalla misura in cui i loro costi reali rifletteranno queste valutazioni iniziali. Un evento incidentale severo, con danneggiamento del nocciolo nucleare, diverrà non credibile essendo la loro progettazione basata proprio sulla sicurezza intrinseca, con l'eliminazione di questa tipologia di incidenti severi; ciò permetterà di eliminare la necessità di predisporre piani di emergenza esterni e di evacuazione della popolazione. Il sistema di contenimento (e anche la loro ubicazione principalmente sotterranea) servirà essenzialmente a proteggere il reattore da eventi esterni, incluse azioni di terrorismo, oltre che rappresentare l'ultima barriera al rilascio incidentale di sostanze radioattive come negli attuali impianti.

Entrambe queste nuove Generazioni sono caratterizzate da forti iniziative internazionali di ricerca e sviluppo (come il Progetto IRIS (*International Reactor Innovative and Secure*), sviluppato da un consorzio guidato dalla *Westinghouse Electric Company*), con forti differenziazioni tecnologiche fra i vari progetti. I principali obiettivi sono relativi a una maggiore "sostenibilità" della scelta nucleare, attraverso un effettivo utilizzo della risorsa uranio (con il previsto utilizzo di cicli del combustibile ad alta efficienza nello sfruttamento delle materie prime) o l'utilizzo del torio (circa 4 volte più abbondante dell'uranio), alla gestione delle scorie e alla resistenza alla proliferazione degli armamenti. Questi tre obiettivi fondamentali, insieme alla riduzione dei costi insita nella tipologia di tutti i nuovi progetti (impianti di taglia medio–piccola, modulari e con tempi di costruzione inferiori ai 3 anni), porteranno a una possibilità di commercializzazione più ampia anche in Paesi a economia in fase di sviluppo. Inoltre gli impieghi previsti per queste Generazioni III+ e IV non sono solamente la produzione di elettricità e di calore ad alta temperatura, ma anche la desalinizzazione dell'acqua marina e la produzione di idrogeno, al fine di aumentare ulteriormente la diffusione geografica della loro commercializzazione.

Il problema più gravoso rimane tuttavia ancora la gestione dei rifiuti radioattivi e soprattutto delle scorie a più alta attività. A questo riguardo deve essere però ribaltata l'ottica sotto cui vedere nel prossimo futuro queste scorie, non più rifiuti da segregare per tempi lunghissimi, ma piuttosto una possibile risorsa energetica, soprattutto per il contenuto in plutonio e uranio, che è possibile utilizzare già da ora con tecnologie avanzate. Il problema della sistemazione definitiva dei rifiuti e soprattutto delle scorie non è solamente di natura tecnologica (vedi Appendice), ma essenzialmente di scelta politica, in quanto le attuali conoscenze tecnologiche già permetterebbero lo studio di soluzioni potenzialmente adeguate.

4. Considerazioni conclusive

L'industria nucleare – attraverso la sua globalizzazione e soprattutto l'affermazione sui mercati asiatici – ha superato un lungo periodo di stagnazione negli Stati Uniti e in Europa, conservando le capacità di sviluppare nuove tipologie di reattore e risolvere i problemi relativi al ciclo del combustibile, rendendo nuovamente effettiva l'opzione nucleare. Paesi come Cina ed India, con alto incremento demografico ed elevato sviluppo economico, ma con scarsa disponibilità di fonti energetiche, sono oggi fortemente interessati alla scelta nucleare.

I nuovi progetti e le soluzioni in fase di sviluppo, che tengono conto dei progressi acquisiti dall'attuale tecnologia nucleare e dell'esperienza operativa del parco reattore esistente (al luglio 2006, vi sono 442 impianti commerciali in 31 Paesi, per una capacità totale di oltre 369000 MWe), sono destinati a un mercato globale, assicurando contemporaneamente un più alto livello di sicurezza e un costo del kWh inferiore all'attuale. Inoltre, l'affermazione di questi nuovi progetti permetterà una maggiore resistenza alla proliferazione degli armamenti, attraverso il riutilizzo del plutonio e i previsti lunghissimi periodi di bruciamento, e forse una maggiore accettabilità sociale di questa tecnologia.

Il pieno "Rinascimento Nucleare" dipenderà comunque dalle politiche di cooperazione economica e di trasferimento tecnologico che i Paesi industrializzati riusciranno ad attuare e da come l'industria nucleare riuscirà a rispondere sempre più velocemente alle complesse esigenze di un mercato globale dell'energia, dove le fonti per la produzione di energia elettrica nei prossimi 20/30 anni saranno molto probabilmente le stesse disponibili già oggi, in quanto l'impiego pratico della fusione nucleare è purtroppo ancora molto lontano. L'energia nucleare potrebbe inoltre dare un contributo fondamentale alla riduzione delle emissioni clima alteranti. Ciò contribuirà alla economicità del kWh nucleare in confronto alle altre fonti energetiche, confronto effettivo basato sul superamento della tendenza a considerare nel costo delle altre fonti di energia solo i costi diretti della produzione, non inglobando nei meccanismi di mercato i costi ambientali dell'intero ciclo produttivo.

Riferimenti bibliografici

La scelta adottata relativamente alla bibliografia del presente contributo è stata quella di non utilizzare fonti cartacee di non facile reperibilità, ma di limitarsi invece a un'esposizione di fatti e cifre liberamente disponibili sulla rete web. A questo riguardo si allega una lista (anche se molto parziale) di alcuni siti web di Enti od Organizzazioni internazionali per permettere una facile reperibilità di informazioni "ufficiali" sull'utilizzo dell'energia nucleare per scopi pacifici e, più in generale, sulle problematiche dell'uso dell'energia:

International Atomic Energy Agency (IAEA)	http://www.iaea.org/
International Energy Agency (IEA)	http://www.iea.org/
OECD Nuclear Energy Agency (NEA)	http://www.nea.fr/
US Nuclear Regulatory Commission (NRC)	http://www.nrc.gov/
AREVA-NP e il progetto European Pressurized Reactor (EPR)	http://www.areva-np.com/
Progetto Accelerator Driven System (ADS)	http://www.enea.it/com/ADS/
Generation IV International Forum	http://gen-iv.ne.doe.gov/

Per chiarire invece rapidamente qualche dubbio su una parola sconosciuta o su un particolare concetto tecnico, niente di meglio che una visita (anche solo come punto di partenza per una successiva "navigazione" più approfondita) al sito di Wikipedia (si consigliano le versioni in lingua inglese, da cui proviene la traduzione nel sito in lingua italiana di molte voci tecniche, e in lingua francese per gli aspetti legati all'EPR) - http://wikipedia.org/ - o all'ottimo e aggiornato sito divulgativo The Virtual Nuclear Tourist! Nuclear Power Plants Around the World - http://www.nucleartourist.com/
Un sito non "ufficiale", ma "schierato", ottima fonte di informazioni tecniche, è quello della World Nuclear Association (WNA) - http://www.world-nuclear.org/index.html
e in particolare il suo portale nucleare - http://www.world-nuclear.org/portal/index.htm
Per chiudere questa serie di riferimenti bibliografici, alcuni siti web appartenenti ad Organizzazioni internazionali contrarie all'utilizzo dell'energia nucleare, siti che possono essere utilizzati per un eventuale confronto critico delle diverse posizioni:

Greenpeace	http://www.greenpeace.org/
World Information Service on Energy (WISE)	http://www10.antenna.nl/wise/
Nuclear Information and Resource Service (NIRS)	http://www.nirs.org/

Appendice

Vi sono soluzioni possibili per i rifiuti nucleari?

La breve esposizione che segue, puramente informativa, prescinde dal perché delle scelte strategiche, economiche, ma soprattutto politiche, effettuate nei diversi Paesi relativamente alla "chiusura" del ciclo del combustibile nucleare. Un esempio di queste scelte è la decisione statunitense, sotto la presidenza Carter, relativa al non riprocessamento del combustibile nucleare esaurito, cioè estratto da una centrale al termine del suo utilizzo.

Partiamo da alcune cifre che danno un'idea quantitativamente corretta di questi rifiuti radioattivi: una centrale nucleare da 1000 MWe produce in un anno una quantità limitata di rifiuti radioattivi (circa 500, 200 e 30 tonnellate rispettivamente a bassa, media e alta attività, questi ultimi spesso chiamati scorie e formati dal combustibile esaurito, corrispondenti a circa 200, 100 e 4 metri cubi dopo l'eventuale riprocessamento) contro le circa 200000 tonnellate di ceneri di un impianto equivalente a carbone, contenenti centinaia di tonnellate di metalli pesanti altamente tossici.

I rifiuti a bassa e media attività sono odiernamente trattati con tecnologie ampiamente provate (compattazione, cementificazione, vetrificazione) e successivamente conservati per circa 300 anni in opportuni depositi, già realizzati nei principali Paesi industrializzati, di cui quattro in Europa (Le Hague in Francia, Sellafield in Gran Bretagna, Oskarshamn in Svezia e Olkiluoto in Finlandia). Il problema dello smaltimento delle scorie (formate mediamente da U-238 per il 94%, 1% di U-235, 1% di plutonio, che rappresenta il contributo maggiore alla radiotossicità, 0,1% di attinidi minori – Np, Am, Cm – e 4% di prodotti di fissione, di cui la grande maggioranza stabili) ha invece portato all'adozione di due soluzioni tecniche diverse:
- gli Stati Uniti hanno deciso per lo stoccaggio diretto del combustibile esaurito per decine di migliaia di anni (un tempo comunque piccolo rispetto ai tempi geologici caratteristici di milioni di anni) nel deposito in fase di realizzazione nel sito di Yukka Mountain – circa 160 km a nordovest di Las Vegas – senza operazioni preliminari di ritrattamento;
- Francia, Gran Bretagna, Giappone e altri Paesi hanno invece optato per riciclare il plutonio, ottenuto dal ritrattamento del combustibile esaurito (le due industrie leader a livello mondiale delle operazioni di ritrattamento sono BNFL e AREVA), attraverso il suo riutilizzo in combustibili a ossidi misti U-Pu (MOX), aumentando la resa di produzione e diminuendo drasticamente il volume di scorie destinate all'immagazzina-

mento geologico con la contemporanea separazione anche dell'uranio e di altri radioisotopi come il Cs-137 e lo Sr-90, questi ultimi destinati ad applicazioni mediche o industriali.

L'attuale tecnologia permetterebbe già ora di ottenere una parziale trasmutazione anche delle rimanenti scorie ad alta attività (soprattutto gli attinidi minori) in rifiuti a media attività, attraverso il loro bruciamento in reattori a neutroni veloci, e nuove e più efficienti soluzioni sono in fase di studio (in particolare i reattori veloci di Generazione IV e l'ADS, *Accelerator Driven System* chiamato anche Rubbiatrone, dal nome del Nobel Carlo Rubbia, inserito nel progetto internazionale TRASCO, (TRAsmutazione SCOrie). La soluzione ipotizzabile in futuro sarà quindi quella di bruciare nei nuovi reattori quegli elementi a vita troppo lunga: essi diverrebbero così sostanze chimiche diverse che dovrebbero essere contenute per un periodo di tempo più "accettabile", non oltre 300 anni, e contemporaneamente riutilizzare l'U-235 e il plutonio nelle attuali centrali.

5. Sviluppo rurale e caratteristiche dei mercati frutticoli nell'economia globalizzata

GIANLUCA BRUNORI E ROSSANO MASSAI

1. Introduzione

La libera circolazione delle merci, conseguente al processo di globalizzazione, ha provocato enormi mutamenti nell'assetto del sistema agro-alimentare mondiale. Così come per altri beni di consumo, ormai la possibilità che sulle nostre tavole giungano prodotti alimentari di provenienza anche molto lontana è sempre più elevata. In conseguenza di questo fenomeno, per il settore agricolo dei Paesi industrializzati, afflitto da molti anni da problemi di bilancio dovuti all'elevato costo della manodopera, si è sviluppata la tendenza al decentramento delle produzioni verso Paesi in via di sviluppo a più alta capacità remunerativa dei capitali investiti.

2. Globalizzazione e abitudini dei consumatori

Il processo di globalizzazione, reso possibile dalla contemporanea rapida evoluzione dei sistemi di trasporto e conservazione delle derrate alimentari, anche di quelle da consumo fresco (ortaggi e frutta in particolare), ha determinato una conseguente evoluzione dei comparti produttivi agricoli con il progressivo abbandono dei criteri di scelta tradizionali sia da parte dei produttori che dei consumatori. Questa evoluzione in realtà ha origini antichissime, poiché l'importazione e la coltivazione di specie esotiche ha caratterizzato la storia del vecchio continente già in epoche remote. Senza gli scambi intercontinentali avvenuti in passato non potremmo oggi disporre di patate, pomodori, mais, pesche, albicocche, ecc., che rappresentano invece componenti comuni della nostra dieta alimentare.

2.1 Destagionalizzazione dei consumi

I consumatori, infatti, hanno inconsapevolmente determinato una fortissima pressione verso la destagionalizzazione dei consumi, continuando a richiedere prodotti alimentari, soprattutto freschi, anche al di fuori dei periodi tipici di produzione e commercializzazione. Le mense dei consumatori dei Paesi industrializzati, infatti, sono fornite di ortaggi e frutta fresca ormai per l'intero anno, con una varietà di prodotti inimmaginabile fino a pochi anni fa: pomodori, cetrioli, peperoni, zucchine, mele, agrumi, kiwi, ecc. sono presenti in grande quantità nelle nostre borse della spesa per tutto l'arco dell'anno. Tale possibilità si è realizzata attraverso uno sviluppo tecnologico eccezionale sia dei sistemi di produzione in ambiente controllato (serre) sia di quelli di trasporto e conservazione, che rendono possibile il rifornimento invernale dei mercati con prodotti conservati in atmosfera controllata o provenienti dall'emisfero opposto. Così, ad esempio, il mercato del kiwi è dominato per circa 6 mesi all'anno dalla produzione neozelandese, mentre per i restanti 6 mesi è la produzione italiana a diventare predominante. Una "rivoluzione" di questa portata non poteva però essere realizzata senza lasciare sul campo di battaglia qualche vittima, e così è stato.

2.2 Evoluzione degli stili di vita

Una prima conseguenza, marginale, del processo di globalizzazione e di destagionalizzazione dei consumi è di ordine culturale: la forte concentrazione della popolazione nelle aree urbane ha portato a un progressivo allontanamento dalle conoscenze della vita in campagna e, conseguentemente, alla perdita di percezione dei cicli naturali di produzione dei diversi tipi di alimenti, soprattutto da parte dei giovani: provate a chiedere ad un diciottenne qual è "il tempo delle mele" e ne otterrete risposte probabilmente bizzarre e perlopiù non strettamente attinenti all'epoca di maturazione di questo frutto. Per il consumatore medio è quindi quasi impossibile individuare la *frutta (o la verdura) di stagione* perché i banchi dei supermercati presentano la stessa composizione ormai per buona parte dell'anno, e con prezzi sempre costantemente alti. Non esiste quasi più l'idea della *primizia*, a cui si avvicinava in passato la clientela più agiata per gustare, a prezzo elevato, le prime produzioni di questo o quel frutto od ortaggio; anche per i prodotti più deperibili come pesche, ciliegie, albicocche, ecc. oggi è possibile infatti trovare in pieno inverno prodotto fresco proveniente dall'emisfero sud, prodotto che viene proposto quasi fino all'inizio delle produzioni locali. Questo aspetto si può considerare sicuramente positivo dal punto di vista alimentare, perché ci consente di disporre di composti nobili (vitamine, nutraceutici, ecc.) anche durante l'inverno, ma il prezzo che dobbiamo pagare, in termini culturali, sociali e, spesso, di sicurezza alimentare è piuttosto alto (vedi Capitolo 6).

2.3 Evoluzione dei sistemi distributivi

Innanzitutto il processo di destagionalizzazione dei consumi ha determinato, in parte, la progressiva tendenza all'abbandono della vendita al dettaglio o della vendita diretta al pubblico da parte dei produttori. Queste ultime tipologie di commercializzazione sono infatti strettamente legate alla stagionalità delle produzioni e dei consumi, non potendo accedere ai livelli tecnologici necessari per il mercato globale. Conseguentemente, la distribuzione si sta progressivamente concentrando nelle catene di grande distribuzione (GDO), che possono sopportare la complessa organizzazione delle filiere produzione-distribuzione nazionali o transnazionali, soprattutto nei Paesi del nord Europa e del nord America, mentre nel nostro Paese la vendita al dettaglio e i mercati rionali giocano ancora un ruolo importante nella distribuzione di prodotti ortofrutticoli, anche se in rapido ridimensionamento (Fig. 1). La Tabella 1 mostra la concentrazione dei negozi alimentari al dettaglio in alcuni Paesi.

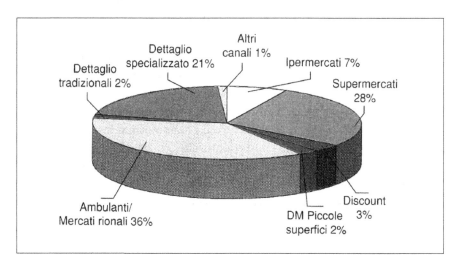

Fig. 1. Acquisti al dettaglio di prodotti ortofrutticoli in Italia: distribuzione per canale commerciale (% in quantità) nell'anno 2003. Da: IHA [1] e CSO [2].

Tabella 1. Concentrazione della vendita al dettaglio (numero di punti vendita per milione di abitanti) nei Paesi industrializzati

Paese	Concentrazione del dettaglio
Italia	3776,1
Francia	2158,5
UK	1157,8
Danimarca	1500,6
Finlandia	1441,5
Germania	1265,6
Canada	995,4
Stati Uniti	848,2

2.4 Omologazione dei gusti

Oltre a perdere il concetto di stagionalità delle produzioni, si è poi assistito anche a una rapida omologazione dei gusti dei consumatori: prodotti freschi per tutto l'anno, ma con una fortissima contrazione delle tipologie di prodotto reperibili. Solo i prodotti freschi che hanno la possibilità di essere raccolti, manipolati, conservati e trasportati per tempi e distanze molto lunghe hanno avuto la possibilità di affermarsi, sostituendo progressivamente tutti gli altri. Le ricerche di mercato fatte dalle GDO o dalle potenti multinazionali della frutta hanno consentito negli anni di individuare le tipologie di prodotto più appetite dalle diverse fasce di consumatori e su quelle, e solo su quelle, si è organizzato il mercato, allontanando rapidamente i prodotti con troppa "personalità" che non assicuravano un adeguato successo commerciale su scala territoriale ampia. A titolo esemplificativo si può citare l'esempio del vino: pochissimi vitigni con caratteristiche qualitative standard e di facile apprezzamento da parte dei consumatori (Cabernet Sauvignon, Merlot, Sirah, Chardonnay, ecc.) hanno ormai invaso il mercato enologico a livello mondiale con prodotti che, grazie all'innalzamento del livello tecnologico della vinificazione, appaiono fortemente omologati e poco o nulla differenziati: pochi ormai sono in grado di distinguere un Cabernet cileno da uno italiano, californiano o francese.

3. Globalizzazione e produzione frutticola

3.1 Evoluzione della geografia della produzione

La globalizzazione dei mercati ha provocato la migrazione di queste attività produttive verso aree caratterizzate da elevata disponibilità di manodopera a basso costo (vedi Capitolo 2). Nella produzione di mele, ad esempio, tra il 1984 e il 2004 si assiste a una diminuzione delle produzioni negli Stati Uniti e in Francia, tra i principali produttori del mondo, e a una fortissima crescita della Cina, che dal 1994 ha superato gli Stati Uniti come principale produttore nel mondo (Fig. 2).

In ambito nazionale, questo ha determinato la "meridionalizzazione" della frutticoltura negli anni Ottanta e Novanta. Nel Sud d'Italia, infatti,

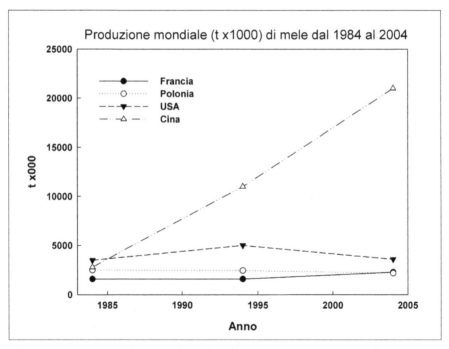

Fig. 2. Produzione mondiale (t x 000) di mele nel ventennio 1984-2004. Da: FAO [3]

accanto alle aziende tradizionali orientate prevalentemente verso i mercati locali, sono nate aziende di dimensioni medio-grandi, capaci di rivolgersi ai mercati Europei, in aree in cui c'era buona disponibilità di manodopera locale a basso costo.

La pressione verso la riduzione dei costi di produzione ha indotto però ad abbattere ancora di più la remunerazione del lavoro manuale che, progressivamente, ma inesorabilmente, è stato sostituito, sia al sud che nel centro-nord d'Italia, da manodopera extracomunitaria, spesso non regolare, disponibile per salari molto più bassi e a condizioni di lavoro più precarie rispetto alle manovalanze locali. Analogo processo, ma su scala decisamente più ampia, si è verificato in Paesi del bacino del Mediterraneo (Spagna soprattutto) dove l'investimento massiccio di capitali stranieri ha portato alla costituzione di aziende di grosse dimensioni e ad aree produttive estremamente specializzate (Almeria, Lerida, Murcia, ecc.) in grado di invadere i mercati europei con enormi quantità di prodotto a prezzi molto competitivi sfruttando principalmente la disponibilità praticamente illimitata di manodopera magrebina a costo bassissimo.

Vale la pena citare, ad esempio, il caso del kaki, coltura tradizionalmente presente in Italia da moltissimi anni e che aveva riscoperto motivi di interesse per la buona richiesta di prodotto da parte dei Paesi anglosassoni, nonostante il prezzo elevato dovuto alla forte necessità di manodopera per la raccolta di un frutto difficilmente manipolabile. Nel giro di pochissimi anni le maggiori GDO inglesi (oltre il 90% della distribuzione) hanno completamente abbandonato il prodotto italiano a favore di quello spagnolo, di maggiore uniformità varietale e a prezzi mediamente inferiori del 25-30% rispetto al prodotto italiano.

Ma la battaglia per la competizione sui mercati dei prodotti ortofrutticoli non si è certo arrestata e la corsa verso l'abbattimento dei prezzi sta ormai travolgendo anche i nostri concorrenti diretti. Da anni, infatti, si assiste al fenomeno dell'esportazione del know-how verso Paesi a bassa specializzazione produttiva e all'affermazione di grandi aziende produttrici e di cartelli internazionali di commercializzazione dei prodotti ortofrutticoli in Paesi dell'America Latina, dell'Africa, del Bacino del Mediterraneo, del Medio Oriente e, più recentemente, dell'ex blocco sovietico (Fig. 3) (vedi Capitolo 2).

Le produzioni provenienti da questi Paesi ormai riescono ad essere competitive, nonostante i maggiori costi di trasporto, non solo sui mercati europei, ma addirittura sui mercati nazionali, dove possiamo trovare mele cilene o polacche, pere argentine, pesche tunisine, ciliegie turche, ecc. a prezzi concorrenziali con le nostre produzioni. A titolo esemplificativo, si può citare l'esempio di una produzione di notevole attrazione commercia-

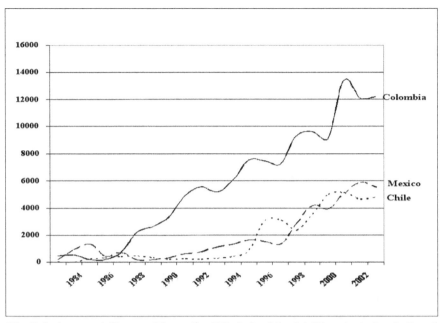

Fig. 3. Andamento dell'export di frutta ($ x 000) di alcuni Paesi dell'America Latina dagli anni Ottanta sino ad oggi. Da: FAO [3]

le, tradizionalmente radicata nel nostro territorio anche sul piano cultura- le, di cui l'Italia è stata il più importante Paese produttore nel mondo per molti anni: il ciliegio. Negli ultimi 25 anni, la produzione mondiale di cilie- gie è aumentata del 28,2%. Nello stesso periodo, nei Paesi in via di sviluppo questo incremento è stato del 204,4% mentre nei Paesi dell'Unione Europea si è registrata una variazione del -9,0% (-11,0% in Italia). Alcuni dei Paesi a maggiore vocazione hanno fatto registrare strabilianti incrementi di quan- tità di prodotto immesso sul mercato: +220000 tonnellate in Iran (+299,6%), +48000 tonnellate in Siria (+245,1%), +246000 tonnellate in Turchia (+147,0%), +43000 tonnellate in Libano (+106,5). Contempo- raneamente la produzione italiana è scesa, nello stesso periodo, di 122396 tonnellate (-11,4%), scendendo dal primo al quarto posto nella graduatoria dei Paesi esportatori di ciliegie con una riduzione di circa 10600 tonnellate di prodotto esportato annualmente. Questa tendenza purtroppo non sem- bra destinata al momento a regredire, ma addirittura a consolidarsi.

All'orizzonte si profilano sfide ancora più impegnative con la prepoten- te comparsa di un colosso mondiale come la Cina, fortemente intenzionata ad aggredire anche il mercato dei prodotti ortofrutticoli in virtù del costo irrisorio della manodopera (mediamente 0,46 € all'ora, contro i 12 €

dell'Italia!) e delle favorevoli condizioni climatiche che vi si riscontrano (buona parte della frutta che oggi consumiamo in Europa e nel mondo, come pesche, albicocche, kiwi ecc., ha avuto origine proprio in Cina). Fino a ora i segnali più preoccupanti si sono avuti per il pomodoro trasformato (stime di quest'anno indicano una penetrazione pari al 30% della produzione complessiva italiana), per le mele e per le pere, prodotti facilmente conservabili e trasportabili. Le stime di crescita delle importazioni di questi tre prodotti nel nostro Paese per il 2006 parlano del 120% per il pomodoro, 220% per le mele e 190% per le pere [4]. Prestissimo, però, questo grande Paese sarà in grado di intaccare anche il mercato di prodotti tipicamente europei che sembravano fino a oggi al sicuro: già quest'anno infatti si è assistito all'arrivo in Italia di olio extravergine di oliva proveniente dalla Manciuria al prezzo di 2 € al litro!

3.2 Concentrazione delle produzioni agricole mondiali su poche specie e varietà

Quanto precedentemente citato per il vino, e che sta ormai accadendo anche per l'olio di oliva, si è verificato in larga parte per prodotti freschi che fino a pochi anni fa erano più o meno strettamente legati al territorio di produzione, ma per i quali ormai la distanza tra la tavola del consumatore e la terra che li ha prodotti si è enormemente dilatata. Anche per questi prodotti, quindi, il processo di omologazione ha fatto sì che a livello mondiale si siano affermate poche specie e poche varietà con caratteristiche standard, apprezzate dalla maggior parte dei consumatori. Così l'introduzione delle clementine o delle arance Navel senza semi ha allontanato i consumatori dall'acquisto di mandarini e agrumi tipici italiani, probabilmente migliori dal punto di vista organolettico ma con molti semi, oppure la progressiva affermazione delle uve apirene in sostituzione delle eccellenti varietà nostrane, tutte però provviste di semi. Un importante effetto di questa tendenza all'omologazione dei gusti e all'abbandono delle cultivar locali è costituito dalla fortissima erosione genetica del germoplasma frutticolo italiano con conseguente perdita (spesso irreversibile) di importanti fonti di biodiversità (Tabella 2).

La tendenza rilevata per i prodotti frutticoli è però purtroppo comune a molte altre specie coltivate, come si può osservare nella Tabella 3 riferita al 1998, dove si evidenzia come in alcuni grandi Paesi produttori la perdita percentuale di risorse genetiche vegetali delle principali specie coltivate sia nell'ordine del 74-95%. Gli altri Paesi non fanno certo eccezione (vedi Capitolo 9).

Tabella 2. Evoluzione della piattaforma varietale del melo in Piemonte dal 1929 ad oggi. Da: Breviglieri [5]; Bounous e coll. [6]; Bassi [7]; Bounous e coll. [8]

Cultivar	1929	1948	2000
Abbondanza	X	X	
Altre	X	X	
Bagnolo	X	X	
Bouchard	X	X	
Calvilla	X		
Calville rosse	X	X	
Carla	X	X	
Catinin	X	X	
Cattarello	X	X	
Champagne	X		
Ciucarine	X		
Commercio	X		
Composta	X		
Contesse	X	X	
Cortipendula	X		
Delicious, Starking	X		X (34,5%)
Dolce piatto	X	X	
Dominici	X		
Firminello	X	X	
Frascona	X	X	
Gabiola	X		
Gala			X (3,2%)
Gamba fina e simili	X	X	
Giachetta	X	X	
Gian d'André	X	X	
Golden Delicious	X		X (55,5%)
Grafenstein	X	X	
Grenoble	X	X	
Jonathan	X	X	
Liscia di Cumiana	X	X	
Losa	X	X	
Magnana	X	X	
Marcun	X		
Matan	X	X	
Morella	X		
Morgenduft	X	X	
Ozark Gold			X (1,5%)
Permain Dorata	X	X	
Ravé Verd	X		
Ren. Champagne	X		
Ren. Grigia Torriana	X	X	
Ren. Spagna	X		X (3,2%)
Renetta Chiodo	X	X	
Renetta del Canada	X	X	X (1,6%)
Renetta Dorata	X	X	
Renetta Grigia	X		
Renetta Monfort	X		
Renetta Ruggine	X		
Renetta Verde	X	X	
Risorta	X		
Rosa Mantovana	X		
Rosse di Barge	X		
Rossi fini	X		
Roso Ciambrun	X		
Rosso di S. Marzano	X		
Rosso Linot	X		
Rosso Milone	X		
Runcé		X	
Susin	X		
Verdese	X	X	

Tabella 3. Perdita di risorse genetiche vegetali di specie coltivate in alcuni Paesi. Da: FAO [9]

Paese	Fonte alimentare	Varietà scomparse	Note
Cina	Grano	- 90%	Di 10000 cultivar coltivate nel 1949 circa 1000 (10%) rimanevano negli anni Settanta
Corea del Sud	Specie orticole	- 74%	Delle 14 specie orticole coltivate, il 26% dei genotipi presenti nel 1985 era ancora presente nel 1993
Messico	Mais	- 80%	Solo il 20% delle varietà di mais coltivate negli anni Trenta rimanevano; il mais è stato sostituito da produzioni più renumerative
Stati Uniti	Melo, cavolo, mais, piselli e pomodoro	- 80-95%	Percentuale di cultivar scomparse tra quelle coltivate nel 1804 e quelle presenti nel 1904

3.3 Evoluzione delle filiere distributive dei prodotti freschi

Una volta individuate le tipologie merceologiche di riferimento per ogni specie, la GDO ha indotto a espandere il calendario di consumo dei diversi prodotti a tutto l'arco dell'anno. Di conseguenza anche la produzione frutticola a livello mondiale si è organizzata per fornire prodotti omologati in grado di raggiungere mercati molto lontani sia nazionali che internazionali e intercontinentali. Questo processo è stato indotto anche dalla forte espansione di alcune catene di GDO, presenti ormai a livello planetario (Fig. 4).

La competizione produttiva si è perciò estesa a livello globale, anche se i principali mercati di riferimento sono rimasti gli stessi (i Paesi industrializzati). Paesi come la Nuova Zelanda, il Cile, il Sud Africa, ecc. hanno fatto di questa tendenza il loro principale punto di riferimento per l'evoluzione e per le scelte di programmazione dei propri sistemi produttivi (vedi Capitolo 2).

3.4 Adeguamento delle caratteristiche dei frutti alle filiere lunghe

L'affermazione di queste tendenze di mercato e di consumo non poteva però essere raggiunta senza che fossero "migliorate" le caratteristiche tecnologi-

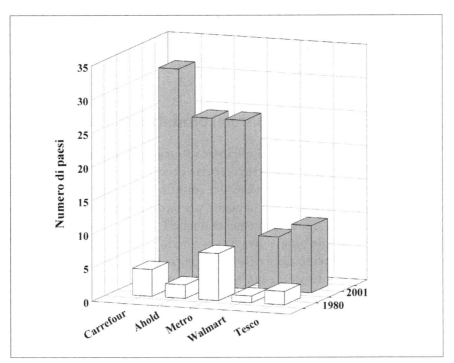

Fig. 4. Diffusione mondiale delle cinque principali catene di supermarket dal 1980 al 2001

che dei frutti e degli ortaggi. Questi infatti devono risultare idonei a essere manipolati, confezionati, trasportati e conservati senza subire alterazioni dal punto di vista estetico e della loro integrità per poter essere idonei alla vendita su "filiere lunghe", che possono prevedere anche il trasporto a decine di migliaia di chilometri di distanza (Cile, Nuova Zelanda, ecc.) oppure la conservazione per molti mesi (kiwi, mele, ecc.).

Progressivamente, quindi, questi aspetti hanno ridotto l'importanza delle caratteristiche organolettiche e salutistiche dei prodotti freschi a vantaggio, invece, della opportuna epoca di maturazione e della possibilità di esitazione del prodotto su filiere lunghe. A titolo di esempio si può citare l'affermazione di una varietà di albicocco, la *Precoce di Thyrinthos*, in funzione della sua epoca di maturazione molto precoce, dell'aspetto attraente dei frutti e della buona consistenza che ne consente una elevata facilità di manipolazione: sfortunatamente questa varietà ha però caratteristiche organolettiche così scadenti che molti di coloro che l'acquistano si allontanano successivamente dal consumo di questo frutto per molti giorni o settimane, determinando così un grave danno alla commercializzazione di varietà locali, meno conosciute e più "difficili" da portare sul mercato ma di caratteristiche organolettiche eccellenti: pochi consumatori sono ormai in grado di riconoscere e apprezzare queste varietà ed è diventato un luogo comune affermare che *la frutta di una volta era più buona*, senza conoscerne appieno le motivazioni.

3.5 Evoluzione dei sistemi produttivi frutticoli

Se la competizione produttiva si estrinseca su territori molto più ampi che in passato, per affermarsi in questo scenario occorre non soltanto produrre derrate conformi ai gusti omologati dei consumatori, ma garantire anche una elevata produttività degli impianti per acquisire peso specifico nei riguardi della GDO. Conseguentemente anche i sistemi di allevamento si sono evoluti verso una progressiva intensificazione (maggior investimento per ettaro) e un aumento del livello tecnologico. Impianti superintensivi di melo, pero, ciliegio, olivo, ecc., con 3000-10000 piante per ettaro, rappresentano la norma. Questi impianti sono in grado di fornire produzioni mediamente superiori del 30-50% rispetto ai sistemi tradizionali, ma sono estremamente fragili dal punto di vista biologico e molto vulnerabili a stress di tipo biotico e abiotico, necessitando di una continua somministrazione di prodotti chimici di sintesi per assicurare un'idonea nutrizione e protezione delle piante.

A causa della loro scarsa redditività, invece, i sistemi di allevamento tradizionali, a bassa intensificazione colturale e a basso impatto ambientale, sono andati progressivamente perdendo di importanza. Questo tipo di sistemi produttivi era tipico delle aziende frutticole e orticole tradizionali, di piccole dimensioni, fortemente disperse sul territorio e con manodopera per buona parte fornita dal nucleo familiare. Una produzione con queste caratteristiche, destinata quasi esclusivamente a mercati locali, non poteva sopravvivere alle specifiche richieste di un mercato più esteso, tanto meno per quello globale.

La pressante richiesta della GDO per la fornitura di elevate quantità di frutta e ortaggi con caratteristiche omogenee e costanti per un arco di tempo molto prolungato, richiesta incompatibile con buona parte della frutticoltura e orticoltura nazionale, ha stimolato inizialmente un movimento di associazionismo, sotto varie forme, che ha saputo contrastare per lungo tempo i concorrenti stranieri. Questo è sicuramente un fatto molto positivo ma, in un secondo momento, questa tendenza all'associazionismo non si è saputa tradurre nella realizzazione di aziende di più ampie dimensioni o nella predisposizione di una accurata programmazione produttiva, rendendo ormai obsoleto il nostro sistema produttivo complessivo rispetto a Paesi più aggressivi da questo punto di vista. In Spagna, ad esempio, l'avvento di investitori stranieri, consapevoli della elevata potenzialità produttiva di questa area, ha fatto sorgere aziende frutticole ed orticole di grandi dimensioni, a volte di migliaia di ettari, in grado di rifornire le principali catene di GDO di tutta Europa con prodotti altamente standardizzati e compatibili con le esigenze delle filiere distributive. Lo stesso processo si è verificato, o si sta verificando, in buona parte dei Paesi dell'America Latina, del Bacino del Mediterraneo, del Medio Oriente e, recentemente, dell'Est Europa, dove il bassissimo costo della terra, le buone condizioni climatiche e la disponibilità di enormi riserve di manodopera di giovane età a costo bassissimo ha fatto confluire elevate quantità di capitale d'investimento da parte dei Paesi industrializzati. Ad esempio, nella Tabella 4, si può osservare come tra i primi 6 posti dei maggiori esportatori di frutta dal Cile nel 2003-2004 figurino alcune compagnie (Dole, Del Monte, Chiquita) presenti ormai a livello planetario, vere e proprie multinazionali della frutta.

4. Riflessi economici, sociali e ambientali della globalizzazione in frutticoltura.

4.1 I riflessi economici

In questo scenario in rapido mutamento, la necessità di riduzione dei costi di produzione per poter competere con i nuovi Paesi emergenti, ha assunto un'importanza via via maggiore per la sopravvivenza delle aziende di dimensioni medio-grandi. Questo ha determinato inizialmente un profondo affinamento della tecnica colturale, portando alla riduzione consistente dell'uso di mezzi tecnici, fertilizzanti e pesticidi in particolare, con riflessi positivi sull'impatto ambientale delle produzioni agricole. Basti pensare, ad esempio, che negli anni Ottanta in frutticoltura venivano distribuiti concimi azotati nell'ordine dei 200-400 kg/ha mentre attualmente si superano difficilmente i 100 kg/ha. Analogamente, l'introduzione dei concetti di *Produzione Integrata*, e successivamente di *Agricoltura Biologica*, ha fatto diminuire sensibilmente l'uso di prodotti chimici di sintesi per la protezione delle nostre produzioni alimentari.

Questo processo virtuoso ha però trovato ben presto limiti nella sua progressione poiché i risultati economici che da esso derivavano non erano sufficienti a garantire alle aziende la competitività sul mercato globale, ancora poco attento alle problematiche di carattere ambientale e quindi poco incline ad apprezzare il minor impatto delle tecniche di allevamento più recen-

Tabella 4. Classifica dei principali esportatori cileni di frutta (N. cassette x 000) nel 2003-2004. Da: Fruitonline, Decofruit Online Branch [10]

Ordine di importanza	Esportatore	Uva	Mele	Susine	Kiwi	Pere	Nettarine	Pesche	Totale 2003-2004
1	Dole Chile S.A.	8.156	4.918	1.439	446	999	569	554	17.267
2	Del Monte Fresh. Produce Chile S.A	6.613	1.653	690	613	444	625	522	11.637
3	Unifrutti Traders Ltda	5.034	3.706	201	701	723	338	129	11.538
4	David Del Curto S.A.	4.219	2.225	1.106	392	434	572	597	10.033
5	Copefrut S.A.	50	4.354	1.532	1.959	451	133	168	9.018
6	Chiquita Chile Ltda	3.755	811	1.161	531	162	441	471	7.490

ti. In realtà, sia in frutticoltura che in orticoltura la possibilità di contrazione dei costi di produzione dipende in larghissima parte dal costo della manodopera. Mediamente, infatti, l'incidenza del lavoro manuale sul costo totale di produzione si aggira intorno al 50-70% del totale. Questi costi sono poi difficilmente comprimibili, almeno per buona parte dei prodotti da consumo fresco, a causa della scarsa possibilità di meccanizzazione o di agevolazione delle operazioni di raccolta, diradamento, potatura, ecc. In estrema sintesi, non ci può essere competizione globale laddove questa venga fortemente alterata dal diverso livello retributivo della manodopera, sia qualificata che non, poiché da questo dipende la determinazione del costo di produzione di un prodotto ortofrutticolo (vedi Capitolo 2).

4.2 I riflessi ambientali

Recentemente su Nature [11] è apparso uno studio che confronta l'impatto ambientale della coltivazione di mele convenzionale rispetto ai metodi biologici e a basso impatto negli Stati Uniti. Dall'analisi risulta che i sistemi di coltivazione convenzionali registrano un fattore di impatto sette volte superiore ai sistemi biologici, che aumenta ulteriormente se vengono considerati anche i metodi che al posto del PMD (*pheromone-mating disruption*), un controllore della crescita a basso impatto ambientale, usano analoghi prodotti chimici.

La globalizzazione del settore frutticolo genera una concentrazione territoriale delle produzioni e una intensificazione delle colture. I riflessi sull'ambiente sono consistenti, e possono essere sintetizzati nel modo seguente:

- *inquinamento da prodotti chimici*. La produzione frutticola è una produzione molto intensiva, che richiede un consistente uso di fertilizzanti e antiparassitari per garantire gli standard qualitativi richiesti dal mercato. Oggi sono state messe a punto con successo tecniche a basso impatto, ma la globalizzazione rende più difficile il controllo all'origine delle tecniche produttive. Il commercio a distanza rende anche necessari i trattamenti post-raccolta con prodotti antiparassitari e con cera spesso non naturale (vedi Capitolo 6);
- *erosione del suolo*, principalmente nelle aree collinari, dovuta all'uso di macchinari pesanti che comprimono il suolo e ne deteriorano la struttura, e perdita di sostanza organica;
- *l'uso dell'acqua* è un fattore di rischio soprattutto nelle zone in cui questa risorsa è più scarsa. La scarsità peggiora la qualità dell'acqua disponibile, che a sua volta è alla base del deterioramento della fertilità del suolo;

- *cambiamenti nel paesaggio*, dovuti agli impianti specializzati su grandi estensioni che riducono la diversità connaturata con gli ordinamenti tradizionali. La specializzazione e la concentrazione in zone vocate genera anche la marginalizzazione di altre aree agricole dove la coltivazione di frutta non è ritenuta più conveniente;
- *erosione della biodiversità*, generate dalla progressiva riduzione del numero delle varietà domandate dal mercato attraverso i canali della grande distribuzione;
- *consumi energetici*. Il commercio a distanza aumenta in modo molto consistente i costi energetici dovuti al trasporto e alla movimentazione.

4.3 I riflessi sociali

La grande concentrazione degli acquisti nelle mani della GDO stimola la concentrazione dei soggetti intermediari, che organizzano la produzione secondo i requisiti richiesti dalla GDO. In generale gli intermediari preferiscono semplificare le operazioni, selezionando i produttori di maggiori dimensioni, e dunque marginalizzando i piccoli produttori.

In altri casi i piccoli produttori, stimolati da un incremento della domanda, sono indotti a effettuare investimenti per crescere. Progressivamente, però, i prezzi pagati loro diminuiscono, e i produttori sono costretti a indebitarsi per far fronte alle anticipazioni dei costi. Spesso sono gli stessi intermediari a fornire credito, ma questo determina una ulteriore perdita di potere negoziale. Quando non sono in grado di ripagare i debiti, i produttori sono costretti a cedere all'intermediario la propria terra. In questo modo i produttori, una volta indipendenti, se non decidono di emigrare si trasformano in lavoratori stagionali o permanenti per le grandi aziende.

La concentrazione generata da questi processi polarizza la società rurale tra grandi proprietari e lavoratori senza terra, di cui una grande proporzione è di stagionali. In alcuni casi, il rapporto tra fissi e stagionali è di 1:10. La crescita della richiesta di lavoratori stagionali è anche alla base di una certa tendenza alla femminilizzazione della forza lavoro: per molte donne, il lavoro stagionale in frutticoltura diventa la prima occasione di lavoro fuori casa. A sua volta, questo ha riflessi sulla struttura delle famiglie.

5. Prospettive

Sono in molti a ritenere che un sistema con le caratteristiche ora descritte non sia sostenibile, non solo per i forti costi ambientali, ma anche per quelli sociali che esso genera, ma anche perché alla lunga la standardizzazione riduce la qualità del prodotto. Questa consapevolezza ha negli ultimi tempi generato delle controtendenze. La frutticoltura biologica, ad esempio, rappresenta oggi una realtà di mercato di tutto rilievo, di cui l'articolo di Nature sopra citato valuta anche la migliore performance in termini di qualità organolettica, e la riscoperta delle varietà locali ha portato negli ultimi anni all'organizzazione di circuiti commerciali alternativi su cui queste varietà possano trovare spazio e visibilità. Per i sistemi produttivi italiani queste controtendenze aprono delle prospettive per una sopravvivenza delle imprese nazionali, che evidentemente non possono ingaggiare una competizione basata solo sui costi di produzione.

Facendo leva su un concetto ampio di qualità, che comprenda criteri legati al gusto, all'etica e all'ambiente, e riappropriandosi della comunicazione nei confronti dei consumatori, i produttori possono cercare di "creare valore" offrendo caratteristiche che consumatori attenti siano disposti a pagare di più. È evidente che queste iniziative non possono fermare la globalizzazione, ma sicuramente possono creare un mercato più pluralistico che alla lunga può influenzare anche i comportamenti degli attori economici più potenti.

Bibliografia e banche dati consultate

1. IHA (2005) www.ihaitalia.it
2. Centro Servizi Ortofrutticoli (2005) www.csoservizi.com/cso/portal
3. FAO (2005) Faostat.fao.org/faostat
4. Diana A (2005) L'agricoltura italiana di fronte alla sfida cinese. I Georgofili – Quaderni. Seduta inaugurale della Sezione Centro-Ovest dell'Accademia dei Georgofili, Pisa, 25 novembre
5. Breviglieri N (1949) Elenco per Provincia delle varietà di melo diffuse fino al 1929, in produzione o non in produzione nel 1948 e preferite nei nuovi impianti. Atti del III Congresso nazionale di Frutticoltura e Mostra di frutta, Ferrara, 9-16 ottobre. Vallecchi Editori, Firenze pp 3-17

6. Bounous G, Paglietta R, Peano C, Stanziano P (1992) Ricerche sul germoplasma del melo in Piemonte. Atti Congresso su Germoplasma Frutticolo. Salvaguardia e valorizzazione delle risorse genetiche, Alghero pp 133-139

7. Bassi D (1995) II patrimonio delle specie da frutto in Italia; una ricchezza da custodire e valorizzare. Frutticoltura 57:67-70

8. Bounous G, Peano C, Beccaro G (2001) Strategie di salvaguardia e valorizzazione della biodiversità frutticola in Piemonte. Annali Acc Agricoltura Torino 143:117-125

9. FAO (1998). The state of the words plant genetic resources for food and agriculture. Faostat.fao.org/faostat

10. Fruitonline (2005) www.fruitonline.com. Decofruit Online Branch, Chile

11. Reganold JP, Glover JD, Andrews PK, Hinman HR (2001) Sustainability of three apple production systems. Nature 410:926-930

PARTE SECONDA:
Salute, ambiente e globalizzazione

6. Tutela della sicurezza alimentare per il consumatore globalizzato

Daniela Reali

1. Introduzione

L'evoluzione della società nei Paesi a sviluppo avanzato ha comportato una progressiva crescita della domanda di beni e servizi e un incremento esponenziale della richiesta di alimenti. Questo ha generato la necessità di una produzione "industrializzata" di derrate alimentari e l'introduzione di tecniche altamente innovative nella mangimistica, nella riproduzione, nella stabulazione, nella profilassi e nella terapia delle malattie nel settore dell'allevamento, oltre che l'incremento di coltivazioni intensive monoprodotto nel settore agricolo, con il ricorso a processi di manipolazione e di selezione genetica in entrambi i settori.

La globalizzazione dei mercati, e quindi lo scambio di animali vivi o di alimenti di origine sia animale che vegetale, può comportare la "globalizzazione" delle malattie. Sono di conseguenza emersi nuovi rischi sanitari connessi alla produzione e al consumo di alimenti. Inoltre le proiezioni demografiche indicano che entro il 2030 due terzi degli 8 miliardi di persone che popoleranno il mondo vivranno nelle città e ciò richiederà un incremento del 60% della produzione alimentare. Dai lavori della Conferenza paneuropea sulla sicurezza e sulla qualità dei cibi, è emerso che le patologie alimentari sono in progressivo aumento ed è stato stimato che, ancora oggi, nei Paesi europei, una persona su tre rischia ogni anno di contrarre un'intossicazione alimentare con conseguenze anche letali [1-4].

La globalizzazione dei prodotti alimentari, ossia la possibilità per il cittadino consumatore di acquistare cibi provenienti da ogni parte del mondo, rappresenta la causa principale di questo fenomeno. La soluzione a questo problema non è certo quella di creare indiscriminate barriere sanitarie al commercio delle derrate alimentari quanto, piuttosto, di armonizzare sempre di più le modalità di produzione in modo da garantire standard di sicurezza sempre più elevati, attraverso una legislazione chiara, severa e, soprattutto, rispettata da tutti i Paesi a livello internazionale.

2. Rischi sanitari

Gli alimenti sono un efficiente veicolo di trasmissione all'uomo di microrganismi (Tabelle 1 e 2) connessi sia alla produzione primaria che alla manipolazione e confezionamento [5-7], ma anche di tossine e composti chimici usati intenzionalmente per raggiungere standard di conservazione, palatabilità o "effetti estetici", per citare alcuni usi prevalenti, oppure accidentalmente presenti quali contaminanti tecnologici della lavorazione o dell'ambiente naturale-artificiale in cui sono praticate le coltivazioni o gli allevamenti.

Alcuni esempi:

- Nel 2003, 322000 ricoveri ospedalieri negli Stati Uniti sono stati causati da Salmonellosi con un tasso di letalità del 1,6 % [8]. L'epizoozia da encefalite spongiforme bovina (BSE) (Tabella 3) ha determinato l'insorgenza nell'uomo di una variante della malattia di Creutzfel-Jacob (177 casi al mondo: 156 in Gran Bretagna, 12 in Francia, 2 in Irlanda e 1 in Canada, Italia, Giappone, Olanda, Portogallo, Arabia Saudita, Stati Uniti) connessa all'epizoozia che, fortunatamente, ha soltanto sfiorato il territorio italiano [9].
- La Ciguatera Fish Poisoning, sindrome gastrointestinale e neurologica, è causata dall'ingestione di ciguatossina prodotta da Dinoflagellati (*Gamberdiscus toxicus*) che vivono nei mari tropicali lungo la barriera corallina. Episodi tossici normalmente si verificano a una latitudine

Tabella 1. Microrganismi e loro prodotti metabolici potenzialmente veicolabili da alimenti

Virus e rickettsie: *Rotavirus, Norovirus, Norwalk v., Epatite A e E, Echovirus, Coxiella burnetii*

Batteri e tossine: *B.cereus, Campylobacter jejuni, Cl. botulinum, Cl. perfringens, E.coli enteropatogeno, Listeria monocytogenes, Salmonella* spp., *Shigella* spp., *St. aureus, V.cholerae, Vibrio parahaemolyticus, Yersinia enterocolitica*

Protozoi e parassiti: *Giardia, Cryptosporidium, Cysticercus, Taenia, Echinococcus, Entamaeba hystolitica, Trichinella*

Micotossine: *Aflatossine, Fumonisine etc.*

Tossine algali: *Dinoflagellati, Dinophysis specie varie*

Tabella 2. Principali agenti patogeni trasmessi da alimenti

Agente eziologico	Sindrome	Matrice
Campylobacter	Diarrea, sindrome Guillain-Barrè	Pollame, acqua
Cryptosporidium parvum	Diarrea acquosa profusa mortale, per immunocompromessi	Acqua
E.Coli 0157:H7	Diarrea con sangue, colite emorragica, sindrome uremica emolitica, grave in bambini	Latticini, carni bovine, suine, acqua, mangimi
Norwalk-like virus	Infezione intestinale acuta con vomito	Manipolatori di cibi, acqua
Salmonella	Diarrea, crampi addominali artriti reattive	Pollame, uova, latte crudo
Toxoplasma gondii	Lieve diarrea, nelle gravide aborto e ritardo mentale del nato	Carne bovina
Vibrio parahaemolyticus	Diarrea acquosa	Pesci e molluschi
Virus Epatite A, E	Infiammazione del fegato	Manipolatori di cibi, carne cinghiale

Tabella 3. Prevalenza di BSE (dal 1980) nel mondo

Numero casi	Paese
182000 casi totali	Gran Bretagna
>100 casi per milione	Gran Bretagna, Portogallo
62	Irlanda
49	Svizzera
28	Belgio
24	Spagna
20	Germania
20	Francia
18	Slovacchia
14	Italia
10	Olanda
1-7	Danimarca, Slovenia, Grecia, Finlandia, Giappone Israele, Austria

compresa tra il 35° nord e il 35° sud , ma ultimamente sono stati osservati episodi fuori dalle aree endemiche dovuti al consumo di prodotti di importazione, come frutti di mare da diversi Paesi (Bahamas, Canada, Cile, Spagna) o pesce dalle Isole Canarie [10, 11].

- Specie fungine quali *Aspergillus flavus, Fusarium, Cephalosporium, Tricothecium, Verticimonosporium* sono in grado di colonizzare le colture in campo o le derrate alimentari in funzione delle condizioni meteoclimatiche dei Paesi di provenienza o per la mancanza di condizioni adeguate di immagazzinamento e conservazione. I prodotti del metabolismo secondario di alcune specie, quali aflatossine (AFLA), deossinivalenolo (DON), fumonisine (Fum), nivalenolo (NIV), ocratossina A (OTA), tricoteceni (T2), zearalenone (ZEA), hanno un elevato potenziale tossico. Su 1400 analisi condotte nel 2004 su farine di vario tipo, 1050 campioni sono risultati positivi per micotossine e di questi 420 con concentrazioni critiche (Tabella 4).

- L'Ocratossina A ha proprietà cancerogene, nefrotossiche, teratogene, immunotossiche e neurotossiche e i generi alimentari più frequentemente contaminati sono chicchi di caffè, cacao, frutta secca, vino, birra, succo d'uva, rognoni di suini. La patulina è stata rintracciata nei succhi di frutta, lo zearalenone in spezie e arachidi, i tricoteceni in frumento, orzo, segale e mais. La FAO ha stimato che il 25% di derrate alimentari in circolazione sui mercati mondiali siano contaminate e il 5% può rappresentare rischi gravi per la salute.

- L'uso di farmaci antibatterici per scopi auxologici nella zootecnia intensiva è oggi causa della comparsa di fenomeni di farmacoresistenza anche nell'uomo [12, 13].

Tabella 4. Alimenti contaminati da tossine fungine (2004)

Matrice Alimentare	Tossine
Avena	DON, Afla, T2
Avena	Fum, DON, Zea, Afla, OTA
Frutta secca	Afla, OTA, DON
Grano, orzo, segale	DON, Afla, T2, NIV
Mele e derivati	Patulina
Semi oleosi	Afla, OTA, DON
Spezie, caffè, cacao	Afla, OTA, DON
Uva, mosti, vini	OTA

Sono inoltre diffusi trattamenti illegali cui possono essere sottoposti gli animali e i vegetali, con il rischio che siano immesse sul mercato globale derrate non conformi agli standard di igiene e sicurezza. Ad esempio, oggi è significativo il rischio sanitario legato alla presenza di residui di farmaci e fitofarmaci (Tabella 5), ormoni, contaminanti quali organoclorurati (Tabella 6) e altri composti organici persistenti (POPs), metalli pesanti, ecc. Fra le emergenze più recenti ricordiamo la presenza di diossine e dietilstil-bestrolo nel pollame, il rosso Sudan I nei peperoncini provenienti dall'India, le micotossine nel cacao, il vibrione del colera nel *sushi* servito nella ristorazione collettiva in una mensa aziendale, e in ultimo il virus dell'influenza aviaria e il rischio della sua trasmissibilità all'uomo che ha indotto un tracollo economico nell'industria alimentare avicola.

Non sono state certamente poche, né di modesta rilevanza, le emergenze alimentari, spesso associate alla industrializzazione della produzione e/o alla globalizzazione del commercio, che hanno colpito negli ultimi due decenni il mondo della produzione alimentare. Tutte le volte hanno avuto un grande impatto sui consumi alimentari e sulla fiducia dei consumatori per la percezione di una intrinseca incapacità delle strutture coinvolte nella produzione e nel controllo degli alimenti a prevenirle o a eliminarle.

Tabella 5. Residui di pesticidi eccedenti i limiti. Analisi di revisione (ISS, 1988-1995)

Matrice Alimentare	Fitofarmaci
Fragole	Captano, Clorotalonil, Benomyl, Vinclozolin, Carbendazim
Insalata	Clorotalonil, Ditiocarbammati, Procimidone, Vinclozolin, Iprodione
Mele	CCl_4, Dalapon, Benomyl
Kiwi	Clorpirifos, Pirimifos, Vinclozolin
Limoni	Imazalyl, Metidathion
Pere	Dalapon, Thiabendazole
Patate	Chloropropham
Speck	Lindano

Tabella 6. Additivi intenzionali e contaminanti accidentali

Composti	Alimenti e contenitori per alimenti
Ftalati	Plasticizzanti, packaging per alimenti, formulati latte per neonati, formaggi, margarina
Bisfenolo A	Plastiche policarbonate, stabilizzazione per PVC, confezionamento alimenti e bevande, antiossidante
PCBs	Metaboliti intermedi della produzione di erbicidi, contaminanti, di mangimi
Diossine	Processi industriali, contaminanti di mangimi
Parabeni	Conservanti antibatterici
Idroanisolo butilato	Antiossidante alimentare
Pesticidi	Prodotti ortofrutticoli, lattiero-caseari, carnei

3. Strategie di controllo

Il sistema di controllo in uso in varie nazioni fino agli inizi degli anni Novanta era più adatto a un sistema produttivo localizzato e poco globalizzato e a un sistema distributivo meno complesso e articolato di quello che si è andato sviluppando oggi, volto a soddisfare una domanda di prodotti di qualità, ma anche esotici e a prezzi sempre più contenuti. Proprio per aumentare la garanzia di sicurezza nei Paesi industrializzati le imprese hanno dovuto adottare un nuovo modello di controllo, basato sul sistema *Hazard analysis and critical control point* (HACCP) che ha tutte le caratteristiche per rispondere alle aspettative dei consumatori, grazie ai presupposti scientifici su cui si fonda. Il controllo basato sul sistema HACCP prevede l'obbligo per l'intera filiera alimentare di adottare un sistema di analisi preventiva dei pericoli, calibrato per ciascuna tipologia di impresa; di focalizzare, a livello dei punti del processo produttivo, identificati come critici, le azioni tecniche che consentano di rimuoverli, ridurli o eliminarli; di apportare gli adeguati correttivi in caso di non conformità con i parametri di riferimento adottati; di registrare i risultati sull'andamento dei contaminanti nell'alimento, nel singolo ingrediente o nel processo per poter eventualmente aggiornare i criteri di accettabilità e, conseguentemente, per stabilire nuovi capitolati di acquisto e definire nuovi criteri di selezione dei fornitori.

Da ciò appare evidente il fatto che ogni impresa, per garantire i consumatori, deve assicurarsi che il processo di produzione avvenga sotto stretto controllo e che la qualità di ciascun ingrediente e quindi di ciascun lotto di merce sia conforme alle specifiche che sono state stabilite per quel prodotto. L'impresa deve mettere in atto un vero e proprio programma di garanzia della qualità del proprio processo per garantire la qualità del prodotto.

Le implicazioni e le ricadute di una simile situazione sono evidenti, non solo in ambito nazionale e comunitario ai fini di un corretto giudizio di qualità delle derrate, ma anche negli scambi commerciali internazionali, dove può esistere la necessità di stabilire l'equivalenza dei programmi di valutazione della sicurezza alimentare adottati da altri Paesi o la necessità di risolvere i contenziosi che si possono aprire quando un Paese importatore prevede di adottare limiti più stringenti.

Recentemente, nell'ambito degli accordi internazionali sul commercio, tra i Paesi aderenti al WTO, è stato possibile pervenire ai cosiddetti *Uruguay Round Agreements* sulle *Sanitary and Phytosanitary Measures*, adottati per proteggere la vita o la salute dell'uomo, degli animali e delle piante. In virtù di questi accordi i Paesi si sono impegnati ad assicurare che l'applicazione delle misure di tutela negli scambi commerciali si sarebbero basate su criteri derivati dalle tecniche di valutazione del rischio, sviluppate da organismi riconosciuti internazionalmente, in modo da minimizzare l'impatto negativo sui traffici internazionali. A livello comunitario sono stati emanati regolamenti che richiamano l'esigenza che la legislazione alimentare comunitaria si basi sull'analisi del rischio, per garantire un elevato livello di tutela della salute umana. Tale analisi si prefigge di pervenire alla definizione della probabilità del verificarsi di effetti indesiderati associati al consumo di uno specifico tipo di alimento e, contestualmente, di prevedere quale livello di rischio deve essere considerato inaccettabile, indicando anche le misure per contenerlo. Si tratta di una procedura complessa che ha come obiettivo l'incremento della sicurezza d'uso degli alimenti e si articola in tre fasi funzionalmente separate, quali la valutazione, la gestione e la comunicazione del rischio.

4. La valutazione del rischio

La valutazione del rischio è una attività specialistica alla quale devono concorrere esperti di varie discipline ed è il punto cardine dell'intero processo di analisi; grazie a essa è possibile stimare quanto un individuo o una determinata categoria di soggetti sia esposta a un pericolo, quale sia la quantità di agenti pericolosi che essi possano ingerire e quali effetti derivanti dall'esposizione stessa possano essere attesi. Quindi riveste grande importanza l'affidabilità delle fonti di dati utilizzate: essi contribuiscono alla comprensione delle interazioni pericolo-ospite-matrice alimentare che influenzano i rischi sanitari attribuibili ai diversi casi. Convenzionalmente la valutazione del rischio si articola in varie fasi: identificazione del pericolo, caratterizzazione del pericolo, compresa la valutazione della dose/risposta, cioè della relazione tra la concentrazione dell'agente pericoloso assunto (dose) e la frequenza ed entità degli effetti associati (risposta), la valutazione del livello di esposizione, quindi la caratterizzazione del rischio.

Le due classi di pericoli più importanti sono i pericoli microbiologici e chimici, ma solo a questi ultimi è applicata già da lunga data l'analisi del rischio, anche se non in maniera sistematica. Per molti contaminanti chimici, infatti, sono noti i livelli e la loro assunzione giornaliera accettabile (*Acceptable Daily Intake*), definita come la quantità di un composto che può essere ingerita giornalmente per tutta la vita da un uomo di 70 kg di peso corporeo senza che ne derivi un apprezzabile rischio sanitario. Per stabilire questi valori di riferimento vengono condotti studi sperimentali su animali da laboratorio per valutare la tossicità acuta, subacuta, cronica, subcronica del composto e viene stabilita la dose massima (mg/kg) alla quale non si verifica alcun tipo di effetto (*Not Observed Effect Level*). Nell'estrapolare i dati dall'animale all'uomo si applica poi un fattore di sicurezza, cioè il NOEL viene diviso per un fattore variabile da 10 a 2000, per cui la dose senza effetto viene ridotta in funzione di vari criteri scientifici e ripartita tra le varie matrici a cui l'uomo può esserne esposto e la riduzione è massima per la matrice attraverso la quale può realizzarsi la massima esposizione (ad esempio, gli alimenti).

Attualmente limiti critici, basati sull'analisi del rischio, sono disponibili per gli additivi intenzionali (conservanti, edulcoranti, coloranti, stabilizzanti, addensanti, antimicrobici ecc.), alcuni contaminati ambientali (diossine, PCB, acrilammide, benzo(a)pirene, radionuclidi, tetracloruro di carbonio, micotossine ecc.), per alcuni contaminati da trattamento fitoiatrico (nitrati, pesticidi) o sanitario animale (farmaci veterinari, anabolizzanti ecc.), per alcuni contaminanti tecnologici da processo (idrocarburi policiclici aromatici, monocloropropandiolo, ecc.). Ciononostante sussistono ancora non pochi problemi nella valutazione degli alimenti oggetto di scambi internazionali, data la difficoltà di armonizzare i differenti standard di qualità stabiliti a livello nazionale.

I problemi che la valutazione dei pericoli microbiologici di origine alimentare presenta oggi sono del tutto particolari rispetto a quelli chimici. I microrganismi (virus, batteri, miceti, protozoi ecc.), infatti, sono elementi biologici in grado di moltiplicarsi nelle varie matrici e sono soggetti ad interazioni molto complesse. Inoltre, anche se il tipo e i livelli di contaminazione delle materie prime che entrano nella filiera alimentare influenzano le caratteristiche della microflora di un prodotto, questa può essere fortemente modificata dalla serie di eventi che si susseguono. Le varie specie microbiche sono caratterizzate da grandi differenze in merito a virulenza, patogenicità, carica minima infettante e, conseguentemente, l'interazione patogeno-ospite può essere molto variabile. Tuttavia sono stati fatti molti progressi e oggi è possibile poter effettuare la valutazione del rischio anche per questa tipologia di pericolo, stimando, entro vari margini di incertezza, i livelli di agenti patogeni negli alimenti e la probabilità della loro presenza al momento del consumo, fino all'effettiva ingestione da parte dei consumatori. Quindi è necessario conoscere la dinamica di moltiplicazione, sopravvivenza e morte dei microrganismi in un alimento lungo tutta la filiera in funzione delle macro-micro condizioni ambientali per poter stimare il numero di microrganismi che potranno essere presenti al momento del consumo. Tali informazioni possono essere desunte dall'osservazione diretta (attuazione di programmi di sorveglianza), con sperimentazioni in laboratorio simulando situazioni che possono presentarsi in specifiche tappe del processo, con modelli matematici (i cosiddetti modelli predittivi) basati su differenti tipi di funzioni matematiche nelle quali vengono combinati i fattori che influenzano la dinamica microbica per predire il comportamento di un determinato patogeno nell'alimento in esame durante tutta la sua vita commerciale fino al momento del consumo. Infine la caratterizzazione del rischio permette di esprimere una stima quali-quantitativa della probabilità e della gravità degli effetti avversi che potrebbero verificarsi in una data popolazione.

5. Politica comunitaria

La strategia politica della Commissione Europea è stata esplicitata con il Libro Bianco della Sicurezza Alimentare (2000, 2005) e con il Regolamento CE 178/2002 che stabilisce i principi e i requisiti generali della Legislazione Alimentare e cioè che deve essere perseguito un elevato livello della tutela della vita e della salute umana, della tutela degli interessi dei consumatori, tenendo conto anche della tutela della salute e del benessere degli animali, della salute vegetale e dell'ambiente. Contestualmente è stata istituita l'Autorità Europea per la Sicurezza Alimentare a cui è stata assegnata la funzione, indipendente, di consulenza e assistenza scientifica e tecnica nelle politiche della Comunità in materia di sicurezza alimentare e alimentazione umana. Inoltre, è stato definito, sotto forma di rete, un Sistema Rapido di Allerta per la notifica di un rischio diretto o indiretto per la salute umana dovuto ad alimenti o mangimi. Al Sistema Rapido di Allerta partecipano gli Stati Membri, la Commissione e l'Autorità europea per la Sicurezza Alimentare. La Commissione ha altresì il compito di istituire un'Unità di Crisi alla quale partecipano l'Autorità e gli Stati Membri nel caso in cui si verifichi una situazione che possa comportare un grave rischio diretto o indiretto per la salute umana derivante da alimenti o mangimi per la zootecnia.

Nel nostro Paese il controllo ufficiale riguarda sia i prodotti italiani o di altra provenienza destinati a essere commercializzati nel territorio nazionale che quelli esportati in un altro Stato dell'Unione Europea oppure verso uno stato terzo.

Il controllo riguarda tutte le fasi della produzione, della trasformazione, del magazzinaggio, del trasporto, del commercio, della somministrazione: «lo stato, le condizioni igieniche e i relativi impieghi di impianti, attrezzature, utensili, locali e strutture, le materie prime, gli ingredienti, i coadiuvanti e ogni altro prodotto utilizzato nella produzione o preparazione per il consumo, i prodotti semilavorati, i prodotti finiti, i materiali e gli oggetti destinati a venire a contatto con gli alimenti, i procedimenti di disinfezione, pulizia e manutenzione, i processi tecnologici di produzione e trasformazione dei prodotti alimentari, l'etichetta e la presentazione dei prodotti alimentari, i mezzi e le regole di conservazione»

Nell'ambito nazionale l'Autorità competente è rappresentata da Strutture Centrali, Regionali e Locali a vari livelli (Comuni, Aziende Sanitarie Locali, Laboratori di Sanità Pubblica, Istituti Zooprofilattici Sperimentali, Agenzie Regionali per la protezione dell'ambiente, Istituto Superiore di Sanità) i cui compiti sono: «organizzazione dei controlli, formazione dello staff, sistema sanzionatorio, licenze e autorizzazioni delle Aziende Alimentari, servizi di laboratorio, realizzazione dell'HACCP, guide per una buona pratica di igiene, Sistema Rapido di Allerta per cibi e alimenti»

Deve essere assolutamente scongiurata l'evenienza che possano realizzarsi differenze tra i livelli di attenzione e di controllo sanitario dei vari produttori, dal piccolo imprenditore agricolo alle grandi industrie mangimistiche, zootecniche e agroalimentari e tra le diverse regioni del mondo tali da mettere in pericolo la salute dei cittadini consumatori ovunque essi risieda-no. Gli agenti microbici, causa delle malattie infettive trasmissibili, sia umane che animali, e i contaminanti chimici non conoscono confini terri-toriali, regionali, nazionali o geo-politici. Le derrate alimentari sono, allo stesso modo, libere di circolare e di essere commercializzate in luoghi sem-pre più distanti da quelli di produzione. Pertanto solo un'efficiente rete di sorveglianza sanitaria nazionale e sovranazionale, estesa e armonizzata, con operatori culturalmente e tecnologicamente addestrati può prevenire il dif-fondersi di patologie acute o croniche a eziologia alimentare nella popola-zione.

Missione dell'Igiene e della Medicina Preventiva in questo settore è la sorveglianza sulla qualità igienico-sanitaria degli alimenti per garantire la sicurezza degli stessi al consumo e comprende quindi la vigilanza sulla pro-duzione primaria e sulle tecnologie per la trasformazione e conservazione degli alimenti, fino al controllo della qualità nella distribuzione al consumo e nella ristorazione commerciale e collettiva.

La globalizzazione dei mercati apre nuovi scenari nei quali il contributo della Sanità Pubblica è di fondamentale importanza per la prevenzione di malattie infettive, dismetaboliche, degenerative e di intossicazioni connesse all'alimentazione.

Bibliografia

1. Eddi C, Katalin de B, Juan L e coll (2006) Veterinary public health activities at FAO: cysticercosis and echinococcosis. Parasitol Int 55:S305-S308
2. Naylor SW, Gally DL, Low JC (2005) Enterohaemorrhagic E.coli in veterinary medi-cine. Int J Med Microbiol 295:419-441
3. Rayner M, Scarborough P (2005) The burden of food related ill in the UK. J Epidemiol Community Health 59:1054-1057
4. Sheth M, Dwivedi R (2006) Complementary foods associated diarrhea. Indian J Pediatr 73:61-64
5. Bordes-Benitez A, Sanchez-Onoro M, Suarez-Bordon P e coll (2006) Outbreak of strep-tococcus equi subsp. Zooepidemicus infections on the island of Gran Canaria associ-ated with the consumption of inadequately pasteurized cheese. Eur J Clin Microbiol Infect Dis 25:242-246
6. DiericK K, Van Coillie E, Swiecicka I e coll (2005) Fatal family outbreak of Bacillus Cereus-associated food poisonin. J Clin Microbiol 43:4277-4279
7. Enzo O (2006) Acute poisoning from food contaminated by coumaphos. Wilderness Environ Med 17:67-69
8. Center for Disease Control and Prevention (2006) Multistate outbreak of Salmonella Typhimurium infections associated with eating ground beef–United States, 2004. Morb Mortal Wkly Rep 55:180-182

9. Gale P (2006) BSE risk assessment in the UK. A risk tradeoff? J Appl Microbiol 100:417-427

10. Hamano M, Kuzuya M, Fujii R e coll (2005) Epidemiology of acute gastroenteritis outbreaks caused by Noroviruses in Okayama, Japan. J Med Virol 77:282-289

11. Costantini V, Loisy F, Joens L e coll (2006) Human and animal enteric caliciviruses in oysters from different coastal regions of the United States. Appl Environm Microbiol 72:1800-1809

12. Alcaine SD, Sukhnanand SS, Warnick LD e coll (2005) ceftiofur-resistant Salmonella strains isolated from dairy farms represent multiple widely distributed subtypes that evolved by independent horizontal gene transfer. Antimicrob Agents Chemother 49:4061-4067

13. De Massis F, Di Girolamo A, Petrini A e coll (2005) Correlation between animal and human brucellosis in Italy during the period 1997-2002. Clin Microbiol Infect 11:632-636

7. Globalizzazione in medicina: l'emergenza HIV

Luca Ceccherini-Nelli

1. Introduzione

L'ottimismo generato dalle migliori condizioni di vita (cibo e acqua più sani, migliori sistemi di raccolta rifiuti e di discarica, nuove conoscenze nella biologia e nella medicina capaci di consentire lo sviluppo e l'uso diffuso di vaccini, la produzione di antinfettivi e di antiparassitari più sicuri ed efficaci) che avevano portato nel mondo occidentale all'allungamento dell'aspettativa di vita da una media di 46,5 anni nel 1950 a 65 anni nel 2002 (51 anni per i redditi bassi, 78 per gli alti), negli anni Ottanta si era già esaurito per l'emergenza di agenti infettivi "nuovi" (non riconosciuti prima) e per la riemergenza di altri già noti, a causa sia di fattori determinati dall'agente infettante stesso, quali l'acquisizione della capacità di salto di specie o la formazione di varianti farmacoresistenti, che di fattori determinati dall'ospite, quali: 1) manovre invasive iatrogene responsabili di infezioni ospedaliere; 2) cambiamenti climatici capaci di favorire il diffondersi di parassiti vettori di infezione e alterazioni degli ecosistemi (con prevalenza incontrollata di predatori o di prede); 3) esplosione demografica con ripercussioni importanti sulle tecnologie industriali di produzione alimentare, sullo sviluppo economico-urbanistico tumultuoso, sulle migrazioni di rifugiati; 4) promiscuità sessuale e turismo sessuale; 5) tossicodipendenza, e infine 6) spostamenti delle persone e delle merci che sono sempre stati fonte di diffusione degli agenti infettivi, ma che avevano raggiunto livelli di quantità e frequenza impensabili precedentemente [1] (vedi anche i Capitoli pubblicati altrove in questo volume).

2. Emergenza di HIV e progressione delle conoscenze

2.1 L'infezione da HIV era già diffusa nel mondo, quando fu riconosciuta

La trasmissione del virus dell'AIDS (Sindrome da Immuno-Deficienza Acquisita) dai primati antropomorfi (HIV-1 da scimpanzè, *Pan troglodytes*; HIV-2 da cercopitechi, *Cercocebus atys*) all'uomo, possibilmente attraverso il graffio/morso, inoculazione accidentale o rituale di sangue infetto durante la cattura o la macellazione a scopo alimentare, si pensa risalga ai primi anni/metà del XX secolo [2] ma l'infezione è emersa all'attenzione medica proprio nei primi anni Ottanta, quando fu riconosciuta negli Stati Uniti e in Olanda (segregata nei circoli omosessuali maschili prima che si diffondesse ulteriormente con la donazione del sangue e suoi derivati, con la tossicodipendenza e con la promiscuità eterosessuale) e in Africa (a prevalente trasmissione materno-fetale ed eterosessuale).

L'infezione HIV aveva raggiunto i 10 milioni di infetti mentre si definiva l'agente patogenetico [3], la sintomatologia clinica che caratterizza l'AIDS, la diagnostica di laboratorio (che consentì poi di eliminare dalle trasfusioni le sacche infette oltre che a verificarne ormai la diffusione globale), i criteri di prevenzione e di *follow-up* dell'infezione e infine lo sviluppo, approvazione e prescrizione del primo antivirale specifico. L'impatto sociale, medico, economico dell'infezione è stato notevole da subito, soprattutto nei Paesi in via di sviluppo.

2.2 Secondo decennio dell'infezione HIV

Nel secondo decennio l'infezione aveva raggiunto i 35 milioni di infetti nel mondo mentre si sensibilizzava l'opinione pubblica per la prevenzione e per la cooperazione (furono istituiti organismi nazionali e internazionali di intervento specifico), mentre venivano sviluppati nuovi farmaci e si preparavano regimi terapeutici combinatori più efficaci, capaci di limitare la progressione della malattia e la trasmissione materno-fetale, mentre continuava lo sforzo congiunto dei ricercatori per lo sviluppo del vaccino attraverso la caratterizzazione molecolare fine del virus, la caratterizzazione del rapporto virus-cellula e virus-ospite.

Soltanto alla fine degli anni Novanta, l'analisi di un campione di sangue di un maschio adulto Bantu di Kinshasa, Repubblica Democratica del

Congo, prelevato nel 1959, risultato vicino per analisi filogenetica della sequenza nucleotidica al nodo di origine di differenziazione di tutti i maggiori gruppi di HIV, permise di stabilire in maniera definitiva [4] che all'origine dei ceppi noti di HIV ci fosse stato un comune progenitore diffuso negli anni Quaranta-Cinquanta e che il salto di specie fosse avvenuto uno o due decenni prima con almeno tre ingressi indipendenti del virus HIV-1 dallo scimpanzè all'uomo, ciascuno dei quali avrebbe poi generato un gruppo filogenetico autonomo: M (*main*, di maggior successo evolutivo), O (*outlier*), N (*non*-M, *non*-O). Il gruppo M, ancora in continua evoluzione incontrollata, è costituito oggi da 9 cladi (A-D, F-H, J e K) e da più di 13 ricombinanti fra i sottotipi, i CRF (*circulating recombinant forms*) originati dalla ricombinazione pretrascrizionale dei cladi, ciascuno con caratteristiche biologiche proprie tendenti alla maggior patogenicità e alla farmacoresistenza. Il clade B è ancora il più comune in Nord America, Europa ed Australia; ma la prevalenza dei ceppi *non*-B è aumentata progressivamente negli Stati Uniti, Cuba, Francia, Spagna, Svizzera, ma soprattutto nel Canada, Belgio, Portogallo e nei Paesi Scandinavi (dove rappresentano oggi più del 40%) in relazione all'immigrazione e ai viaggi in aree endemiche [5].

In questo periodo di tempo sono state studiate ulteriormente le caratteristiche replicative virali (l'entità giornaliera di produzione e di eliminazione), le caratteristiche patogenetiche (il danno immunologico virale e la capacità rigenerativa dei substrati cellulari dell'ospite che vi si oppone, il sequestro virale nei compartimenti tissutali), la variabilità virale (tasso di mutazione trascrizionale indotta sia dalla trascrittasi inversa virale che dalla ricombinazione pretrascrizionale); infine sono stati caratterizzati i parametri di variabilità virale all'interno dei quali il virus continua a dare danno all'ospite senza soccombere alla pressione selettiva immunologica e farmacologica [6].

2.3 Terzo decennio dell'infezione HIV

Nel terzo decennio dell'infezione si sono ottenute nuove conoscenze sull'interazione virus/sistema immune [7-9]. Sono stati sviluppati nuovi antivirali specifici: attualmente sono disponibili 19 farmaci, di quattro tipi diversi, che hanno come bersaglio tre passaggi essenziali nella replicazione virale HIV: gli analoghi nucleotidici e non nucleotidici che agiscono come terminatori di catena nella trascrizione inversa dell'RNA infettante in DNA intermedio di replicazione; gli inibitori delle proteasi che bloccano la maturazione delle proteine virali precursori in proteine virali funzionali; gli inibitori dell'ingresso virale che impediscono la penetrazione del virus nelle cellule bersaglio [10]. Il loro costo non è alla portata dei Paesi in corso di sviluppo, soprattutto per l'esigenza di usarli in combinazione. E la loro efficacia è stata verificata soltanto sui ceppi B, prevalenti nei Paesi occidentali dove sono stati sviluppati.

Si continuano a identificare nuove varianti virali e nuovi focolai geografici di varianti virali: questo rende conto di un dinamismo nella variabilità virale di complessità crescente; la ricombinazione fra varianti risulta avere un ruolo sempre maggiore nel generare diversità, specialmente nei punti geografici "caldi" dove le diverse forme genetiche si incontrano. Anche la superinfezione è importante nella diversificazione e nella propagazione delle varianti. Oggi si riconosce lo sviluppo di diversità virale e di progenie locali a partire dai punti geografici in cui sono stati introdotti i mutanti in nuove popolazioni. La definizione delle caratteristiche di queste varianti e la comprensione di come queste si generino in risposta alla reattività immune e/o alla terapia antivirale è importante per lo sviluppo di vaccini. Siamo agli inizi della comprensione, tramite la epidemiologia molecolare, delle implicazioni della diversità globale dell'HIV [11-13].

Questa enorme variabilità resta nel terzo decennio di sviluppo dell'infezione una sfida per la determinazione della carica virale nelle aree dove il virus è più diversificato, per l'analisi della resistenza farmacologica e per lo sviluppo di vaccini [14, 15]. Anche il volto della malattia è cambiato: sono presenti grandi focolai epidemici in tutto il mondo, soprattutto nei Paesi in via di sviluppo, dove la trasmissione è prevalentemente eterosessuale, ma rilevanti focolai di infezione sono presenti anche nei Paesi più industrializzati, dove sono colpiti i più svantaggiati. Il quadro è attualmente definito dai seguenti numeri [16]: 28 milioni di morti per AIDS, più di 40-45 milioni di infetti, 14 milioni di orfani. Prima causa di malattia e morte al mondo fra i soggetti di età compresa fra i 15-59 anni. Solo nel 2003 si calcolano 3 milioni di morti, 5 milioni di nuovi infetti di cui 800000 bambini. Più del 90% delle persone infette vivono nei Paesi in via di sviluppo, dove le poche risorse vanno a sostegno della sopravvivenza, non della diagnosi o della terapia e tanto meno della prevenzione dell'infezione.

Soltanto nell'Africa Sub-Sahariana, al 2003 si stimano più di 26 milioni di persone infette, con 3,2 milioni di nuovi infetti, per via eterosessuale; l'AIDS qui rappresenta più del 60% di tutte le cause di morte, e ha ridotto alla metà l'aspettativa di vita; qui senza trattamento farmacologico i pazienti in AIDS muoiono nel 100% dei casi, con un tempo di sopravvvenza spesso inferiore a un anno; si calcola che 4,1 milioni di pazienti nell'Africa sub-Sahariana abbiano bisogno di trattamento, ma che solo il 2% di essi ne abbia accesso; e che qualora l'accesso al trattamento antivirale fosse disponibile, la sua efficacia potrebbe essere compromessa dallo stile di vita, dalle limitate conoscenze e dallo scarso rapporto fiduciario medico-paziente come dimostrato in altri Paesi in via di sviluppo [17]. Il 70% dei soggetti HIV-positivi di tutto il mondo vive nell'Africa Sub-Sahariana, nonostante questa contenga solo l'11% della popolazione globale. Ne consegue che è necessario aumentare drasticamente la capacità di prevenzione, di trattamento e di cura per ridurre il danno che l'HIV/AIDS procura in questa parte del mondo. I primi segni di impatto positivo ci sono nelle zone urbane dell'Uganda, dove la prevalenza dell'infezione di HIV neonatale è declinata progressivamente nell'ultimo decennio dal 25-30% del 1991 al 15% del 1996, all'11% del 2000 [18, 19].

2.4 Proiezioni per il quarto decennio dell'infezione HIV

Per il quarto decennio dell'infezione, che terminerà nel 2010, la proiezione è di 50-75 milioni di infetti [20] nonostante le conoscenze sviluppate, nonostante la terapia, capace di rallentare efficacemente, quando disponibile, la progressione di malattia verso l'exitus, nonostante i tentativi di sviluppare vaccini innovativi.

L'AIDS colpisce i giovani nella loro vita produttiva e ne dimezza l'aspettativa di vita: questo ha e avrà ripercussioni gravi sull'economia mondiale. Per questo il programma delle Nazioni Unite UNAIDS ha sviluppato un piano dettagliato per limitare il danno della pandemia e provvedere per il trattamento antivirale per 3 milioni di persone infette con HIV nei Paesi in corso di sviluppo, nel 2005 [21]; l'efficacia di questo programma è in corso di valutazione.

3. Lezioni impartite dalla pandemia HIV

In un quadro così tragico si sono sviluppati anche aspetti relativamente positivi che emergono dalla pandemia e si riflettono sui miglioramenti dei Sistemi Sanitari e sulla loro efficacia.

Le vittime dell'epidemia e i loro interessi sono molto più presi sul serio di prima sia nelle misure di contenimento dell'infezione che nei *trials* clinici per la sperimentazione di farmaci (sia nella loro programmazione che nella sperimentazione che nella rendicontazione).

La strategia di contenimento e di controllo iniziale della diffusione della pandemia aveva segregato ulteriormente i gruppi a comportamento a rischio e li aveva fatti scomparire dalla rilevabilità per lo stigma associato all'infezione; l'attuale strategia di trattamento include la cooperazione e l'inclusione sociale. Era inizialmente in discussione la frequenza a scuola dei bambini infetti, o il lavoro, particolarmente nella Sanità, di adulti infetti; era inoltre in discussione il prevalere dei diritti alla privacy dei malati nei confronti dei partners non infetti; e il diritto della madre alla riservatezza piuttosto che il diritto del nascituro di essere trattato farmacologicamente per non nascere infetto.

Oggi è acquisito che la salute deve essere legata al contesto ambientale, economico e politico. Non era così una volta: la necessità stessa di un costo politico di farmaci salvavita nei Paesi più a rischio e in via di sviluppo ha portato a battaglie legali impegnative dei più svantaggiati contro le industrie farmaceutiche consorziate che sono state costrette a una maggior solidarietà.

L'AIDS ha insegnato che le malattie di un Paese possono influenzare la salute e la stabilità globale mondiale. Ha impegnato una vasta parte della comunità scientifica internazionale in molti settori della ricerca, non solo virologica, ma anche immunologica, clinica e molecolare. Ha contribuito allo sviluppo della tecnologia di sviluppo farmaceutico, vaccinale, delle conoscenze della fisiologia e della patologia umana, compresa quella tumorale (i tumori associati ad AIDS: linfomi, sarcomi e carcinomi, sono di natura virale e correlano con il grado di immunocompromissione), delle strategie di trattamento e di prevenzione.

Ha insegnato che ampliare il più possibile l'accesso alla diagnosi significa anche far prendere coscienza dell'infezione e contribuire alla prevenzione della diffusione; ampliare il più possibile l'accesso alla terapia significa, da una parte, maggior benessere e maggior produttività sociale, e, dall'altra, minor carica virale e minor rischio di trasmissione orizzontale e verticale.

Per i Paesi in via di sviluppo sono attualmente allo studio sistemi semplici di diagnosi e di monitoraggio, mentre si cerca la semplificazione dei regimi terapeutici per ottenere maggior aderenza clinica al trattamento. Si cerca così di migliorare la prevenzione, il trattamento e di affrontare molte delle questioni che portano alla diffusione dell'infezione: la povertà, l'ineguaglianza sociale e lo stigma.

4. Iniziative a supporto della limitazione della pandemia HIV

Sono nate diverse organizzazioni locali, nazionali e internazionali per contribuire alla lotta all'AIDS, e offrire una risposta globale adeguata alla diffusione globale dell'infezione.

L'Unità Operativa complessa di Virologia dell'Università degli Studi di Pisa è responsabile, tra l'altro, della diagnosi e del *follow-up* molecolare della variabilità genetica dell'HIV indotta dal sistema immunitario e dalla terapia antivirale specifica nell'area geografico/sanitaria di sua competenza, dove i ceppi HIV di tipo B e *non*-B, sia puri che in forma ricombinante, risultano rilevabili e a diffusione locale. Questa Unità Operativa può insegnare quanto fa localmente e, quindi, contribuire all'avanzamento delle conoscenze là dove c'è bisogno; e, come contropartita, può imparare il tipo di evoluzione molecolare che ci si può attendere localmente studiando i ceppi di HIV di zone evolutivamente avanzate, ad esempio nella Repubblica Centro-Africana, che è parte dell'area geografica iniziale dell'infezione da HIV ed è rimasta un crogiuolo di tutti i ceppi e di molte varianti.

A sostegno delle iniziative di una nostra ex-allieva della Facoltà di Medicina e Chirurgia dell'Università di Pisa, specialista in Malattie Infettive, che successivamente ha preso i voti come Suora Carmelitana di S. Teresa, si è costituito un gruppo omogeneo, interessato a offrire ai Paesi Africani supporto economico, scientifico, logistico, medico-chirurgico e di laboratorio. Il gruppo si è trasformato in Comitato e, recentemente, con il progredire dell'interesse per l'iniziativa, in ONLUS, denominato: NOI PER L'AFRICA - ONLUS: progetto per la realizzazione di un ospedale a Bossemptélé, nella Repubblica Centrafricana, a 295 km dalla Capitale, Prefettura di Ouham-Pendé (11160 abitanti, circa il 20-25% dei quali HIV-positivo, con aspettativa di vita media ridotta del 50% dalla malnutrizione, dalle malattie infettive e dalle scarse prospettive economiche e sociali), nel terreno (20000 m² circa) concesso all'ONLUS dalla missione cattolica delle Suore Carmelitane di S. Teresa che è presente nell'area da circa 40 anni.

4.1 NOI PER L'AFRICA-ONLUS

L'Associazione NOI PER L'AFRICA-ONLUS non ha fini di lucro ed ha lo scopo di promuovere la raccolta di fondi da destinare alla promozione, realizzazione e gestione di strutture, infrastrutture socio-sanitarie, educative e culturali nei Paesi in via di sviluppo, con particolare riferimento ai Paesi del Continente Africano [22]. Il progetto si propone, nell'ambito dell'infezione da HIV i seguenti obiettivi: 1) creare un Centro di screening volontario per l'HIV dove sia possibile eseguire sia la diagnosi di laboratorio che il *follow-up* molecolare della variabilità genetica virale, 2) sviluppare le attività di prevenzione della trasmissione dell'HIV dalla madre al bambino, 3) assicurare la prevenzione e il corretto trattamento delle infezioni opportuniste e delle infezioni sessualmente trasmissibili, 4) favorire l'accesso e il monitoraggio del trattamento antiretrovirale. Tutto questo verrà svolto nel rispetto dei protocolli nazionali, che vedono nella lotta all'AIDS l'obiettivo primario, ma che mancano delle risorse essenziali per raggiungerlo.

Le degenze pediatriche e il centro nutrizionale, il laboratorio convenzionale e di biologia molecolare, il blocco operatorio con i letti per l'ospedalizzazione dei bambini e degli adulti rappresentano un salto di qualità nei servizi sanitari attualmente esistenti localmente, ai quali possono accedere gli abitanti di Bossemptélé e dei centri limitrofi. Grazie ai contributi di diversi Enti, il Centro è attualmente in fase avanzata di costruzione dell'intero complesso (prevista per il dicembre 2006, circa 1400 m^2): si propone di offrire supporto per la diagnosi e il *follow-up* di varie malattie infettive e di dare accesso al trattamento secondo gli standard Europei sia antivirale HIV che anti-infettivo/parassitario a 5000 persone entro il 2008.

Questa iniziativa rappresenta il nostro tentativo di dare una risposta non solo locale a una infezione virale così generalizzata e grave.

5. Le lezioni impartite dalla pandemia HIV possono essere utili per altre potenziali pandemie

Nel mondo globalizzato e interconnesso soltanto nell'ultimo decennio diverse infezioni virali si sono avvicendate, competendo con l'HIV per l'attenzione scientifica, medica, economica e sociale e beneficiando delle conoscenze, metodologie di rilevazione, organizzazione sanitaria, sociale ed economica acquisite nella battaglia contro l'AIDS; sono sia nuove identificazioni (Sin Nombre virus, 1993; Sabia virus ed Hendra virus, 1994; l'agente prionico responsabile dell'encefalite spongiforme o variante della malattia di Creutzfeldt-Jacob, 1996; Influenza aviaria H5N1, 1997; Nipah virus, 1999; Metapneumovirus, 2001; Coronavirus della SARS, 2003; Bocavirus, 2005) che infezioni virali già riconosciute da tempo, ma mai debellate, che hanno superato la soglia di attenzione critica per la loro capacità di diffusione locale o perché sono comparse in nuove aree: il Vaiolo della Scimmia, che dall'Africa è stato identificato negli Stati Uniti; il virus Ebola con nuovi focolai di febbre emorragica estremamente patogena; il West Nile virus che è emerso in nuovi continenti e vi si è largamente diffuso; HHV-8: herpes virus umano 8, identificato nel 1995 come l'agente responsabile del Sarcoma di Kaposi; il Toscanavirus; il virus responsabile del Dengue, della Chikungunya, della Febbre gialla; il Papillomavirus e i virus dell'epatite B e C che sono in continua espansione territoriale di infezione e di sviluppo delle neoplasie associate (il primo: carcinoma della cervice uterina; gli altri: carcinomi epatocellulari).

5.1 Nuove identificazioni virali recenti

Il virus *Sin Nombre*, nuovo Hantavirus della Famiglia *Bunyivirideae*, causa febbre emorragica, complicazioni renali e polmonite essudativa con altissima mortalità; si trasmette per contatto diretto, senza vettori, da roditori infetti (topo di campagna), per areosol di loro urine/feci. Il nuovo sierotipo, emerso nel 1993, ha interessato, per scarsità di condizioni igieniche, gli indiani Navajo negli Stati Uniti causando ostruzione polmonare di tipo essudativo [23].

Il virus *Sabia* nuovo Arenavirus della Famiglia delle *Arenaviride*, è capace di dare infezioni persistenti asintomatiche nei roditori e acute gravi nella specie umana (febbre emorragica e coagulazione intravasale disseminata) che si infetta per scarsa igiene e alterazioni ambientali (sviluppo economico-urbanistico tumultuoso) che portano a contatto umano i roditori nelle zone rurali del Brasile [24].

I virus *Hendra* e *Nipah*, strettamente correlati, sono nuovi membri della Famiglia *Paramixovirideae*, genere Henipavirus. L'Hendra, è stato riconosciuto in Australia nel 1994, in seguito a infezione di 13 cavalli e del loro fantino [25] morti per sindrome respiratoria acuta; è stato isolato in altri focolai fatali equini e umani e successivamente isolato da pipistrelli fruttivori (volpi volanti) non manifestamente malati. La trasmissione fra i cavalli potrebbe essere dovuta al rilascio di virus con le secrezioni nasali e con le urine; non è stata evidenziata trasmissione interumana. *Nipah*, riconosciuto fra il settembre 1998 e l'aprile 1999 durante una massiccia devastazione di fattorie di maiali in Malesia, si è diffuso a Singapore a causa del trasporto alimentare di maiali infetti (e delle nuove tecnologie industriali di produzione alimentare). Ha causato solo febbre con sintomi respiratori nella maggior parte degli animali, con il 5-15% di mortalità. L'uomo si è infettato professionalmente (massima incidenza fra gli allevatori di suini) manifestando sindrome respiratoria e neurologica con coma e morte nel 40% dei casi (105 decessi, 265 persone infette); alcuni soggetti sono recidivati e morti quando erano già in corso di guarigione. Il focolaio epidemico è stato controllato con il blocco delle esportazioni e con il sacrificio di più di un milione di maiali e con un grave danno economico [26]. Data la somiglianza genetica con il virus *Hendra* è stato cercato e trovato nelle volpi volanti in Australia, Malesia, Bangladesh e Cambogia che sembrano essere il serbatoio naturale dell'infezione.

Il virus *HHV-8*, gamma Herpesvirus, Famiglia *Herpesvirideae*, è stato identificato molecolarmente nel 1995 come l'agente causale del Sarcoma di Kaposi, un sarcoma già noto da secoli nel Bacino del Mediterraneo e nell'Africa, ma che si è diffuso per via sessuale in maniera epidemica con la pandemia di HIV; di recente è stata riconosciuta la potenziale trasmissione virale con i trapianti [27].

L'*agente Prionico*, nella nuova variante dell'encefalite spongiforme o variante della malattia di Creutzfeldt-Jacob (v-CJ), associata all'ingestione di carni di bovini affetti da encefalopatia spongiforme bovina (mucca pazza) da parte di soggetti di età media, all'inizio dei sintomi, di 26 anni, con degenerazione neurologica a evoluzione fatale in 14 mesi circa. È un tipico esempio di introduzione nella specie umana, nel 1996, di un nuovo patogeno per alterazioni tecnologiche di produzione industriale animale (vedi Capitolo 6).

L'*Infuenza aviaria*, Ortomixovirus, Famiglia *Ortomixovirideae*, infetta varie specie di uccelli sia acquatici che terrestri, ha dimostrato frequenti passaggi nell'uomo per salto di specie, dal 1997, con flusso continuo nei due sensi e rischio di pandemia umana reale. Un'altra pandemia influenzale (dopo le documentate pandemie: "spagnola" nel 1918, "asiatica" nel 1957, "Honk Kong" nel 1968, "russa" nel 1977) sembra sempre più inevitabile dal momento che ceppi molto patogeni e capaci di rapida evoluzione molecolare, gli H5N1, si stanno radicando nella popolazione aviaria e circolano insieme, nelle popolazioni asiatiche, a ceppi di influenza umana, creando (nell'uomo, negli uccelli acquatici o nel pollame) le premesse per mutazioni e/o riassortimento genetico virale che può dar luogo a un ceppo altamente diffusibile [28]. Il numero di volatili coinvolti nell'emergenza di focolai di infezione virale è aumentato più di 100 volte : dai 23 milioni di esemplari nel periodo 1959-1998 a più di 200 milioni nel periodo 1999-2005. Focolai epidemici di vaste dimensioni si sono verificati per il superamento virale delle comuni barriere di bio-sicurezza e per l'ingresso del virus proveniente da allevamenti rurali e semi-intensivi in circuiti commerciali dell'allevamento e del trasporto di animali vivi. Globalmente diverse centinaia di milioni di polli sono morti di infezione o per la prevenzione della diffusione dell'infezione e più di 160 persone sono risultate infette, con più del 50% di mortalità [29].

Il *Metapneumovirus*, membro della Famiglia *Paramixovirideae*, strettamente correlato con il pneumovirus aviario, è emerso per le migliorate capacità diagnostiche piuttosto che per aumento di diffusione e/o salto di specie. È stato identificato nel 2001 in Olanda come causa di infezione respiratoria acuta in bambini ospedalizzati. È risultato capace di esacerbare l'asma bronchiale e causare malattia severa in anziani, infanti, immunocompromessi con pneumopatie di base, in Europa, Nord America, Asia, Australia [30].

Il virus *SARS-CoV*, membro della Famiglia *Coronavirideae*, genere Coronavirus, causa una zoonosi, per salto di specie, altamente diffusibile che ha interessato l'uomo con una nuova sintomatologia definita da: sintomi respiratori, infiltrati polmonari radiologicamente evidenti e contatto primario o secondario con viaggiatore da un'area coinvolta dall'infezione. Ha interessato il personale ospedaliero (20% delle infezioni) e i membri familiari in stretto contatto, fino ad interessare complessivamente più di 8000 casi in 30 Paesi diversi in 9 mesi (fra il novembre 2002 e luglio 2003) [31], causando un allarme globale OMS per il tasso di mortalità che è risultato compreso fra il 7-17%, con punte del 50% negli ultrasessantenni specialmente se diabetici e cardiopatici. Ha stranamente interessato relativamente poco i bambini; ha mostrato accelerazioni nella diffusione per contatto diretto in ambienti chiusi ospedalieri, abitativi, in mezzi di trasporto e in luoghi di riunione, attraverso aerosol ambientali e fomiti (lenzuola, coperte, abiti). La sua origine riconosciuta è legata a una o più specie di animali selvatici: civette palmari dell'Himalaya, procioni, furetti, gatti domestici. Può ancora riemergere nei mesi invernali, ritrasmesso dal serbatoio naturale all'uomo e propagarsi nuovamente in ospedali o laboratori.

5.2 Virus già riconosciuti, ma riemergenti negli ultimi anni per mutate condizioni ecologiche, tecnologiche e sociali

Il virus del vaiolo della scimmia (*Monkeypox*), malattia delle foreste pluviali dell'Africa centrale e occidentale, è stato causa di morte nell'1-10% degli infetti, soprattutto nei bambini nella Repubblica Congo, da dove il virus è stato identificato nel 1970 e dichiarato eradicato nel 2001. È comparso improvvisamente nei cani della prateria e nell'uomo negli Stati Uniti nel corso del 2003, si presume in seguito all'importazione di 800 piccoli mammiferi domestici roditori originari del Ghana: scoiattoli, porcospini, ratti giganti, varietà di topi [32].

I Filovirus *Marburg* ed *Ebola* (dei due l'ultimo è il più frequentemente riemerso) sono diffusibili per contatto diretto, tramite fluidi biologici ed aerosol sia da carcasse di primati non umani che per trasmissione interumana (sia in ambienti rurali che ospedalieri); sono rapidamente fatali, nel 50-100% dei casi per febbre emorragica, così da estinguere il focolaio di infezione per esaurimento di nuovi casi di trasmissione. Diversi focolai epidemici d'infezione (dodici focolai) sono stati documentati nell'Africa sub-Sahariana, ma anche in Europa (in Germania nel 1967, quando fu isolato per la prima volta, negli Stati Uniti, nel 1989, in Italia nel 1992); il rischio di riemergenza è continuo [33].

Il virus *Toscana*, Phlebovirus della Famiglia *Bunyiavirideae*, identificato nel 1971 In Italia, nella Regione Toscana, dove causa più del 50% dei casi di meningite-meningoencefalite nella provincia di Siena (più frequentemente ad andamento benigno), in zone collinari infestate da flebotomi vettori è attualmente in espansione territoriale in tutto il bacino del Mediterraneo [34].

Il virus *West Nile*, genere Flavivirus della famiglia *Flavivirideae*, riconosciuto nel 1997 in Israele, è comparso nel 1999 a New York trasportato da uccelli nelle loro rotte migratorie; è risultato disseminato localmente dalle zanzare, dai cavalli, da altri mammiferi e dall'uomo. Si è diffuso molto rapidamente in Africa, Medio Oriente, Romania, Russia, nelle Americhe, in Canada, nel Messico. Nel solo 2002, negli Stati Uniti si sono registrati 4100 nuovi casi, 3000 (73%) dei quali neuroinvasivi, con 284 morti. È risultato trasmesso nei Paesi occidentali oltre che dalle zanzare anche con l'allattamento, le trasfusioni e i trapianti d'organo [35]. La malattia umana è caratterizzata da una malattia leggera, autolimitante simile al Dengue. Inizia come febbre e mialgia; in una modesta percentuale di pazienti, soprattutto anziani e immunocompromessi, progredisce in una forma più severa con coinvolgimento del SNC: encefalite e meningite. Il tasso di mortalità è risultato intorno al 10%, ma i sopravvissuti dimostrano alterazioni neurologiche permanenti.

Il virus *Dengue*, genere Flavivirus della Famiglia delle *Flavivirideae*, causa un'infezione che può essere asintomatica, severa o fatale per sindrome emorragica e shock; è trasmesso da zanzare, con una diffusione paragonabile a quella della Malaria, presente endemicamente in Africa, nelle Americhe, nel Medio Oriente, in Asia, nella costa del Pacifico Occidentale. Si calcola che infetti 50 milioni di nuovi soggetti annualmente [35] e che 2,5 miliardi di persone vivano in aree a rischio di trasmissione epidemica; in Italia si riscontrano 40-80 casi annui di Dengue in soggetti che hanno viaggiato nelle zone endemiche.

Il virus *Chikungunya*, Alphavirus della Famiglia *Togavirideae*, si trasmette tramite zanzare; causa artropatia virale; è una malattia tipicamente tropicale che in molte zone del Pianeta convive con il Dengue. Nota da numerosi decenni in Africa tropicale e Asia sud-orientale è divenuta recentemente endemica anche nei Paesi e nelle isole dell'Oceano Indiano (India, Malaysia, La Reunion, Madagascar, Indonesia, Mauritius, Mayotte, Seychelles, Comore) e successivamente è comparsa in maniera sporadica in Europa (anche in Italia) in pazienti che hanno viaggiato nei Paesi nei quali l'infezione è endemica. Ha causato allarme OMS nel marzo 2005 quando ha interessato in maniera massiccia l'isola di La Reunion (200000 persone sospette di infezione, 3115 casi sintomatici, fra cui 31 medici sentinella presenti nel Paese) poichè oltre all'artropatia sono comparsi disordini neurologici, decessi, infezioni congenite e casi di sospetta trasmissione via trasfusione [37].

Cambiamenti ecologici, aumento dei viaggi e della temperatura globale sono alla base dell'aumento della diffusione e della prevalenza di insetti vettori di infezioni virali da Phlebovirus, Flavivirus ed Alfavirus, che possono sviluppare pandemie in una popolazione globale suscettibile di infezione.

Il virus *HBoV*, nuovo membro del Genere Bocavirus, Famiglia delle *Parvovirideae*, è stato descritto in infezioni respiratorie gravi dell'infanzia in Svezia nel 2005 [38] e successivamente in Australia, Giappone, Sud Corea, Sud Africa, in Europa (Francia) e in Giordania, in associazione con altre infezioni respiratorie umane. La sua organizzazione genomica e la sua sequenza nucleotidica indica alta omologia con il parvovirus bovino e canino 1. La presenza del virus e di numerose varianti in aree non contigue indica una diffusione precedente alla sua identificazione.

6. Conclusioni

Vecchi e nuovi agenti virali contribuiscono al quadro già complesso della medicina globalizzata; le lezioni che la pandemia di HIV avrà saputo impartire saranno preziose per identificarli, monitorarli, trattarli con nuovi antivirali specifici, possibilmente prevenirli con vaccini innovativi.

Non sembra che lo sviluppo scientifico e tecnologico da solo sarà in grado di debellare vecchie e nuove potenziali pandemie; sarà inevitabile che l'uomo si confronti comunque con molte delle condizioni, note da tempo [39], che contribuiscono alla diffusione delle infezioni virali e che sono stati chiamate "Traguardi di Sviluppo per il Millennio" (*Millennium Development Goals*) che includono per tutti: risorse economiche adeguate, educazione avanzata, uguaglianza fra i sessi, mancanza di carestie e di deterioramento dell'ambiente, acqua sana e accessibile.

Questi traguardi sono stati definiti fino al 2015, per ciascun'area del Globo e sono da monitorare perché avanzi lo sviluppo e la povertà sia ridotta in tutto il mondo; perché migliorino i Sistemi Sanitari Nazionali ed Internazionali di intervento contro le infezioni, perché i sistemi di vigilanza, rilevazione e comunicazione in tempo reale siano sempre più efficienti nel trasferire informazioni preziose e condivisibili alle persone a rischio, con il necessario contributo interdisciplinare clinico, igenistico, veterinario e di ricerca scientifica e applicativa.

Bibliografia

1. World Health Organization (2003) World Health Report 2003 - Shaping the Future. Geneva: World Health Organization
2. Hahn BH, Shaw GM, DeCock KM e coll (2000) AIDS as a zoonosis: scientific and public health implications. Science 287:607-614
3. Gallo RC, Montagner L (2003) The discovery of HIV as the cause of AIDS. N Engl J Med 349:2283-2285
4. Zhu T, Korber BT, Nahmias AJ e coll (1998) An African HIV-1 sequence from 1959 and implications for the origin of the epidemic. Nature 391:594-597
5. Wensing AM, Van de Vijver DA e coll, SPREAD Programme (2005) Prevalence of drug-resistant HIV-1 variants in untreated individuals in Europe: implications for clinical management. J Infect Dis 192:958-966
6. Wei X, Ghosh SK, Taylor ME e coll (1995) Viral dynamics in human immunodeficiency virus type 1 infection. Nature 373:117-122
7. Grossman Z, Meier-Schellersheim M, Paul WE e coll (2006) Pathogenesis of HIV infection: what the virus spares is as important as what it destroys. Nat Med 12:289-295
8. Walker BD, Korber BT (2001) Immune control of HIV: the obstacles of HLA and viral diversity. Nat Immunol 2:473-475
9. Ahr B, Robert-Hebmann V, Devaux C e coll (2004) Apoptosis of uninfected cells induced by HIV envelope glycoproteins. Retrovirology 23:1-12
10. De Clercq E (2005) Antiviral drug discovery and development: where chemistry meets with biomedicine. Antiviral Res 67:56-75
11. Sallie R (2005) Replicative homeostasis: a fundamental mechanism mediating selective viral replication and escape mutation. Virol J 2:1-14
12. Sallie R (2005) Replicative homeostasis II: influence of polymerase fidelity on RNA virus quasispecies biology: implications for immune recognition, viral autoimmunity and other "virus receptor" diseases. Virol J 22:1-20

13. Sánchez MS, Grant RM, Porco TC e coll (2006) HIV Drug-resistant Strains as Epidemiologic Sentinels Emerging Infectious Diseases. Emerging Inf Dis 12:191-197

14. Thomson MM, Najera R (2005) Molecular epidemiology of HIV-1 variants in the global AIDS pandemic: an update. AIDS Rev 7:210-224

15. Holte SE, Melvin AJ, Mullins JI e coll (2006) Density-dependent decay in HIV-1 dynamics. J Acquir Immune Defic Syndr 41:266-327

16. 3° IAS Conference on AIDS Pathogenesis and Treatment (2005) Rio de Janeiro, Brazil

17. Malta M, Petersen ML, Clair S, Freitas e coll (2005) Adherence to antiretroviral therapy: a qualitative study with physicians from Rio de Janeiro, Brazil. Cad Saude Publica 21:1424-32

18. Anderson RM, May RM, Boily MC e coll (1991) The spread of HIV-1 in Africa: Sexual contact patterns and the predicted demographic impact of AIDS. Nature 352:581-589

19. UNAIDS and WHO. AIDS Epidemic Update (2001) Geneva

20. National Intelligence Council (2002) The Next Wave of HIV/AIDS: Nigeria, Ethiopia, Russia, India, and China Washington DC

21. The World Health Organization strategy (2003) The WHO and UNAIDS global initiative to provide antiretroviral therapy to 3 million people with HIV/AIDS by the end of 2005, Geneva

22. www.noiperlafrica.org

23. Graziano KL, Tempest B (2002) Hantavirus pulmonary syndrome: a zebra worth knowing. Am Fam Physician 66:1015-1020 Review

24. Coimbra TLM, Nassar ES, Burattini MN e coll (2004) New arenavirus isolated in Brasil. Lancet 343:391-392

25. Murray K, Selleck P, Hooper P e coll (1995) A morbillivirus that caused fatal disease in horses and humans. Science 268:94-97

26. Chua KB (2003) Nipah virus outbreak in Malaysia. J Clin Virol 26:265-275

27. Barozzi P, Luppi M, Facchetti F e coll (2003) Post-transplant Kaposi sarcoma originates from the seeding of donor-derived progenitors. Nat Med 9:554-561 Erratum in (2003) Nat Med 9:975

28. Webby RJ, Webster RG (2003) Are we ready for pandemic influenza? Science 302:1519-1522

29. Beigel JH, Farrar J, Han AM e coll (2005) Writing Committee of the World Health Organization (WHO) Consultation on Human Influenza A/H5. Avian influenza A (H5N1) infection in humans. N Engl J Med 353:1374-85. Review. Erratum in (2006): N Engl J Med 354:884

30. Van den Hoogen BG, De Jong JC, Groen J e coll (2001) A newly discovered human pneumovirus isolated from young children with respiratory tract disease. Nat Med 7:719-724

31. World Health Organization (2003) Cumulative number of reported cases of severe acute respiratory syndrome (SARS) Geneva

32. Reed KD, Melski JW, Graham MB e coll (2004) The detection of monkeypox in humans in the western hemisphere. N Engl J Med 350:342-350

33. Allela L, Bourry O, Pouillot R (2005) Ebola Virus Antibody Prevalence in Dogs and Human Risk. Emerg Infect Dis 11:385-390

34. Sanbonmatsu-Gámez S, Pérez-Ruiz M, Collao X e coll (2005) Toscana Virus in Spain. Emerg Infect Dis 11:1701-1708

35. Iwamoto M, Jernigan DB, Guasch A e coll (2003) Transmission of West Nile virus from an organ donor to four transplant recipients. N Engl J Med 348:2196-2203

36. Gubler DJ (2002) Epidemic dengue/dengue hemorrhagic fever as a public health, social, and economic problem in the 21st century. Trends Microbiol 10:100-103

37. Chastel C (2005) Chikungunya virus: its recent spread to the southern Indian Ocean and Reunion Island. Bull Acad Natl Med 189:1827-1835
38. Allander T, Tammi MT, Eriksson M e coll (2005) Cloning of a human parvovirus by molecular screening of respiratory tract samples. Proc Natl Acad Sci USA 102:12891-12896 Erratum in: (2005) Proc Natl Acad Sci USA 102:15712
39. Smolinski MS, Hamburg MA, Lederberg J (eds) for the Committee on Emerging Microbial Threats to Health in the 21st Century, Board on Global Health, Institute of Medicine (2003) Microbial Threats to Health: Emergence, Detection, and Response. National Academy Press, Washington, DC

8. Farmacoterapia e mondo globale: dalla mancanza di farmaci salvavita nei Paesi in via di sviluppo alle farmacie on-line

PAOLA NIERI

1. Introduzione

Il diritto alla terapia è parte integrante del diritto alla salute, un diritto umano fondamentale, indipendente da sesso, età, credo religioso, convinzioni politiche, etnia e ceto di appartenenza. Nell'immediato dopo-guerra, l'universalità di questo diritto veniva sancita nella Carta dei Diritti dell'Uomo[1] e nella Costituzione dell'Organizzazione Mondiale della Sanità (OMS)[2], ove ne è sottolineata l'importanza per il mantenimento di una condizione di pace e sicurezza a livello mondiale.

Dopo quasi 60 anni, tuttavia, il diritto alla salute rimane un miraggio per milioni di persone, nella maggior parte dei Paesi più poveri, dove, come riporta l'OMS nel suo Report 2005, oltre 300 milioni di donne soffrono di malattie legate alla gravidanza, all'aborto e al parto, 529 mila di esse muoiono ogni anno e la mortalità di bambini al di sotto dei 5 anni, ancora elevatissima (circa 170 su 1000 nati vivi in Africa), non accenna a diminuire [1].

La difficoltà di accesso ai farmaci è uno degli attori di questo triste scenario, insieme alla malnutrizione di massa, alla precarietà igienica, alla presenza di conflitti e al basso livello di istruzione. Queste condizioni, che traggono origine dalla povertà e allo stesso tempo ne generano di nuova, danno luogo a una sinergia negativa sulla salute delle popolazioni dei Paesi in via di sviluppo (nel Capitolo 2 sono riportati i drammatici dati sulla povertà di tali Paesi).

---

[1] Adottata dall'Assemblea Generale delle Nazioni Unite il 10 dicembre 1948.
[2] 7 Aprile 1948.

Quanto sia critica la disponibilità di terapie adeguate per la cura delle malattie dei Paesi meno sviluppati si evince dalla denuncia fatta dall'organizzazione Medici Senza Frontiere, che nel 1999 ha investito l'intera somma del Nobel per la Pace, ricevuto in quello stesso anno, nella *Campagna per l'accesso ai farmaci essenziali* [2]: «ogni 30 secondi nel mondo almeno 6 persone muoiono per malattie curabili perché non hanno accesso ai farmaci essenziali; una strage immotivata che provoca la perdita di 14 milioni di vite umane l'anno» [3].

2. La sfida dei farmaci essenziali lanciata dall'OMS e le problematiche derivanti dalla politica dell'OMC

I farmaci *essenziali,* secondo la definizione dell'OMS, sono quelli che soddisfano le necessità prioritarie per la cura della salute di una popolazione e, dunque, devono essere disponibili in quantità adeguate, nelle formulazioni farmaceutiche appropriate e a prezzi che sia l'individuo che la comunità possano sostenere. L'OMS, nel 1977, ha fornito una prima lista modello di tali farmaci che non si propone come standard globale, ma rappresenta una guida per lo sviluppo di proprie liste da parte delle singole nazioni e/o istituzioni [4]. La lista è stata nel tempo aggiornata fino all'ultima revisione (14ª versione) che è del marzo 2005 e che comprende 312 farmaci [5].

Se la sfida della disponibilità dei farmaci *essenziali* per tutti i cittadini del pianeta è stata lanciata, il mondo globale "reale" sta disattendendo fortemente questo obiettivo, mantenendo, se non ampliando, il divario nell'accesso alle cure tra Paesi disagiati e Paesi industrializzati. Questo squilibrio emerge nitidamente dall'esame della distribuzione del mercato farmaceutico mondiale. Nel 2002, il 72% della popolazione mondiale consumava solo il 13% dei farmaci, appena l'1% nell'intero Continente africano. Così, mentre nell'America del Nord veniva consumato oltre il 40% dell'intero mercato farmaceutico, pari a 406 miliardi di dollari, il 50% della popolazione dei Paesi più poveri rimaneva senza alcun accesso alla terapia [6]. La situazione degli ultimi anni, purtroppo, si rispecchia bene in questi dati che non sono stati significativamente migliorati con la politica mondiale più recente. È stato stimato che, nel 2005, la spesa globale sia stata di 506 miliardi di dollari, e che Nord America, Europa e Giappone abbiano consumato l'87,7% dei farmaci immessi sul mercato mondiale [7].

L'accesso alle terapie farmacologiche nei Paesi in via di sviluppo è ostacolato in buona parte da ragioni di natura economica (in particolare dai prezzi troppo onerosi dei medicinali o dalla loro mancata registrazione locale) riconducibili, a loro volta, alla politica del regista del commercio mondiale, l'Organizzazione Mondiale del Commercio (OMC/WTO, *World Trade Organization*). L'OMC nasce nel 1995, dopo 8 anni di negoziati (*Uruguay Round*) e subentra al GATT (*General Agreement on Tariffs and Trade*), un accordo internazionale firmato nel 1947 da 23 Paesi e finalizzato alla riduzione delle tariffe in alcuni settori commerciali. Dal 1995, l'OMC è l'unica organizzazione internazionale che si occupa delle regole del commercio fra le nazioni, e ha come scopo precipuo quello di aiutare produttori di beni e servizi, esportatori e importatori a condurre il loro *business* [3] [8, 9]. Nel 1995 aderiscono alla nascente OMC 134 Stati, oggi saliti a 149. A differenza del GATT, l'OMC si occupa in modo aggressivo della protezione dei diritti intellettuali e dei brevetti, che vengono ad assumere, proprio per la politica dell'Organizzazione, una posizione centrale negli scambi commerciali. Nel 1996, infatti, all'interno dell'OMC, viene siglato l'accordo "TRIPs"[4], con il quale settori strategici, come il diritto d'autore, i brevetti industriali, le licenze, il deposito e la protezione dei marchi, vengono investiti di regole di applicazione mondiale, obbligatorie in tutti gli Stati che vogliano rientrare nell'OMC stesso. L'accordo impone che tutti gli Stati membri adottino, come propria legge nazionale, un sistema di protezione dei diritti di proprietà intellettuale basato sul modello statunitense. L'armonizzazione globale[5] delle forme di tutela legale dei brevetti non permette più, di fatto, ai singoli Stati di decidere come bilanciare l'interesse delle industrie, molto spesso potenze multinazionali, con quello dei singoli cittadini, in modo che tutti possano godere dei frutti del progresso. Un progresso, peraltro, consentito anche da sostanziosi finanziamenti pubblici alle imprese e quindi non solo frutto degli investimenti privati. Tra i prodotti, molto diversi fra loro, che ricadono sotto tale sistema, troviamo, insieme ai computer, alle colture transgeniche, al germoplasma dei semi e molto altro, anche i farmaci. Con l'accordo TRIPs ne viene vietata la produzione locale e ne vengono assoggettati l'importazione, l'uso e la vendita all'autorizzazione del titolare del brevetto, che ne esercita quindi il monopolio per un periodo di vent'an-

---

[3]Definizione fornita sullo stesso sito web dell'Organizzazione.
[4]*Trade-Related aspects of Intellectual Property rights.*
[5]Processo attraverso il quale standard nazionali tendono a essere sostituiti da standard mondiali.

ni (3 in più rispetto a quelli già previsti nelle leggi vigenti prima del 1996 negli Stati Uniti). Con questo accordo, secondo molti, compreso chi sta scrivendo, si sono poste le premesse perché il diritto al *business* sia anteposto al diritto alla salute, perché la salute stessa venga trattata alla stregua di un bene di consumo e la forbice tra Paesi ricchi e Paesi poveri si allarghi, anziché ridursi. Degno di nota è il dato che il 97% dei brevetti a livello mondiale è nelle mani di persone o imprese dei Paesi industrializzati, mentre ai Paesi poveri restano solo i costi indiretti della protezione dei diritti sulla proprietà intellettuale, ovvero quelli che essi pagano per rifornirsi dei beni *patented*. Essi hanno, infatti, scarsa o nulla capacità brevettuale, dati i costi proibitivi delle procedure di brevettazione[6].

L'accordo TRIPs è entrato subito in vigore nei Paesi industrializzati, mentre ai Paesi in via di sviluppo è stato concesso tempo fino al 2000, con un periodo di transizione fino al 2005; entro il 2008 (con una proroga fino al 2016) dovranno aderire anche i Paesi più poveri [10], i cosiddetti *Least Developed Countries* [11].

Nel 2005, quindi, hanno dovuto dare piena attuazione alle norme contenute nell'accordo Paesi come Tailandia, Cina, India e Brasile. Fra questi, India e Brasile sono fra i maggiori produttori di farmaci generici per malattie che colpiscono i Paesi in via di sviluppo. I farmaci generici sono quelli il cui principio attivo non è o non è più coperto da brevetto in un determinato Paese. Commercializzati a un prezzo notevolmente più basso rispetto ai corrispondenti "di marca", questi hanno permesso l'accesso a cure salvavita alle popolazioni economicamente svantaggiate. Tanto per fare un esempio, la concorrenza del farmaco generico, nel caso dell'AIDS, ha permesso di abbassare il prezzo delle terapie con farmaci antiretrovirali[7] "di prima linea"[8] dagli oltre 10 mila dollari medi annui per paziente del 2001, ai circa 180 dollari attuali. Nella stessa India, l'accessibilità ai farmaci di prima linea ha portato a un declino dell'80% delle morti associate all'infezione, tra il 1997 e il 2003 [12]. A Taiwan e in Brasile, inoltre, la politica del governo di fornire gratuitamente l'accesso alla terapia antiretrovirale altamente attiva (HAART)[9], realizzata con farmaci generici, ha permesso di ridurre di oltre il 50% la trasmissione del virus HIV.

---

[6]L'associazione ambientalista inglese GAIA ha stimato, nel 1998, una spesa di 500000 dollari per dieci brevetti validi in 52 Paesi a copertura di una stessa invenzione.
[7]I retrovirus, cui appartiene l'HIV, sono virus a RNA, che viene convertito a DNA grazie all'azione dell'enzima virale retrotrascrittasi, all'interno della cellula infettata.
[8]Farmaci a base di principi attivi di "vecchia generazione".
[9]*Highly Active Antiretroviral Therapy*. Si tratta di un'associazione di tre o più diversi farmaci ad attività antiretrovirale.

I farmaci "di prima linea", tuttavia, perdono efficacia (per il fenomeno della resistenza farmacologica)[10] in un trattamento di lungo periodo come quello cui i malati di AIDS si devono sottoporre. Si rendono, quindi, indispensabili i farmaci di "seconda linea", dei quali non esistono versioni generiche, e per i quali si può arrivare a pagare un prezzo circa dodici volte superiore a quello dei farmaci "di prima linea" [13]. Anche la politica del doppio prezzo, annunciata da parte di alcune multinazionali farmaceutiche, si è rivelata deludente, perché spesso il prezzo per i Paesi poveri rimane, comunque, molto al di sopra delle loro possibilità. Talora, invece, non è accompagnata dalla registrazione del farmaco o della formulazione a basso prezzo: così accade per il *tenofovir,* farmaco anti-AIDS di "seconda generazione", del quale si è avuta la registrazione e l'effettiva disponibilità solo in 6 dei 95 Paesi in cui avrebbe dovuto essere disponibile, in base a quanto annunciato dalla industria produttrice nel 2002; gli altri Paesi dovranno attendere almeno fino al 2007 [14] (maggiori dettagli sul tema "AIDS e globalizzazione" sono forniti dal Capitolo 7).

Ritornando all'accordo TRIPs, questo prevedeva, già nel 1996, clausole di eccezione al monopolio brevettuale, da attuarsi per periodi limitati e giustificate da ragioni di salute pubblica, la cui applicazione, tuttavia, si è sempre dimostrata difficoltosa. Si tratta delle cosiddette *Importazioni parallele* e *registrazioni forzate,* previste negli articoli 30 e 31 del TRIPs *Agreement.* Le prime consentono l'acquisto di farmaci soggetti a brevetto, importandoli da un Paese che li offre a un prezzo vantaggioso e non direttamente dalla Compagnia produttrice, senza alcun vincolo da parte di quest'ultima. Le seconde implicano la possibilità dei singoli governi di concedere la produzione nazionale di forme generiche per il commercio interno, laddove sussistano, appunto, emergenze di sanità pubblica. Un caso emblematico delle difficoltà di attuazione di tali politiche locali è dato dalla legge *Medical Act*[11], firmata nel 1997 da Nelson Mandela, in favore dell'applicazione delle deroghe al monopolio dei farmaci in Sud Africa, in virtù dell'emergenza AIDS. Contro di essa hanno fatto ricorso, presso l'OMC, 39 case farmaceutiche, che, solo nel 2001, hanno ritirato la denuncia in seguito alle pressioni internazionali e alla forte opera di sensibilizzazione dell'opinione pubblica da parte di organizzazioni non governative.

---

[10]Per farmaco resistenza si intende una scarsa o nulla responsività al farmaco e può essere sia intrinseca che acquisita.

[11]Medical Act: *Medicines and related substances control amendment Act.*

Una denuncia della pericolosità dell'accordo TRIPs è venuta anche dalla Commissione per lo sviluppo delle Nazioni Unite che, nel suo *Rapporto sullo sviluppo umano* del 1999, sottolineava l'evidente conflitto tra il regime dei diritti di proprietà intellettuale dell'accordo e la Carta dei Diritti umani [15].

Sebbene la necessità di mettere in atto politiche che garantissero i farmaci salvavita alle popolazioni dei Paesi poveri sia stata ribadita nella Dichiarazione di Doha sulla salute Pubblica, firmata all'unanimità dai membri dell'OMC nel 2001 [16, 17], un nuovo accordo dell'agosto 2003 ha introdotto clausole burocratiche che scoraggiano di fatto l'importazione e la produzione di generici [18].

3. Altri ostacoli nell'accesso alla terapia per i Paesi in via di sviluppo: traffici clandestini e mancanza di ricerca e sviluppo

Insieme alle problematiche dei prezzi e delle registrazioni, anche la mancanza di infrastrutture e di capacità di distribuzione e di controllo delle somministrazioni hanno mostrato di poter compromettere le possibilità di trattamento nei Paesi in via di sviluppo. Lo scarso controllo nella distribuzione può portare a casi come quello del traffico clandestino di farmaci nello Zimbabwe, dove trafficanti acquistavano i medicinali dai pazienti che li avevano ricevuti gratuitamente, rivendendoli nei Paesi esclusi dalla distribuzione gratuita. Così, è successo anche che 35 mila confezioni di antiretrovirali destinati all'Africa a prezzo ridotto, fossero in realtà venduti in Germania e nei Paesi Bassi a prezzo pieno.

La mancanza di investimenti nella ricerca e sviluppo (R&S) di nuove molecole attive contro le patologie che colpiscono elettivamente i Paesi in via di sviluppo, rappresenta un ulteriore serio ostacolo all'accesso alle cure in questi Paesi (come sottolineato anche nel Capitolo 9). Si parla, a questo proposito, di GAP 10/90 per indicare che il 90% degli investimenti in campo medico riguarda solo il 10% della popolazione mondiale [19]. Per quanto riguarda i farmaci, questo squilibrio è reso ben evidente dall'analisi delle molecole immesse sul mercato tra il 1975 e il 1999: solo 13 delle 1393 totali (Tabella 1) erano rivolte alla cura di malattie tropicali [20]. Per indicare queste malattie, agenzie internazionali che si occupano di salute globale hanno utilizzato il termine "neglette", proprio a sottolineare la scarsa attenzione loro rivolta dal mercato farmaceutico mondiale. Una di queste agen-

Tabella 1. Farmaci immessi sul mercato globale dal 1975 al 1999. Da: Trouiller P e coll [20]

Aree terapeutiche	Numero di nuovi farmaci	%
Farmaci Sist. Nervoso Centrale	211	15,1
Farmaci Sist. Cardiovascolare	179	12,8
Antitumorali	111	8,0
Farmaci Sist. Respiratorio (no infezioni)	89	6,4
Antinfettivi e antiparassitari, fra cui farmaci per:	224	16,1
HIV/AIDS	26	1,9
Tubercolosi	3	0,2
Malattie Tropicali	13	0,9
Malaria	4	0,3
Altre categorie terapeutiche	579	41,6
Totale	1393	100,0

zie, la *Drugs for neglected diseases iniziative*[12] (DNDi) [21], impegnata attivamente nella ridefinizione delle priorità della ricerca mondiale e nello stimolare l'R&S incentrata sulle malattie dei Paesi più poveri, l'8 giugno 2005 ha lanciato un appello, firmato, fra gli altri, da 17 premi Nobel, per creare un fondo di 3 miliardi di dollari all'anno per la R&S a favore delle malattie dimenticate[13], che è stato portato alla Cinquantanovesima Assemblea Mondiale sulla Salute, tenutasi nel maggio 2006 a Ginevra.

Negli ultimi anni, due delle malattie considerate "neglette", ovvero tubercolosi e malaria hanno iniziato a ottenere una buona attenzione internazionale. Insieme all'AIDS rappresentano le più grandi emergenze mondiali e ad esse sono stati dedicati investimenti comuni, primo fra tutti il *Global Fund*, voluto da Kofi Annan nel 2001 [22].

Di tubercolosi sono affetti circa 2 miliardi di individui, un terzo della popolazione mondiale, e ne muoiono 5 mila persone ogni giorno, di cui il 98% nei Paesi in via di sviluppo [23]. L'India è lo Stato maggiormente col-

---

[12]Iniziativa a favore di farmaci per le malattie dimenticate, fondata, nel 2003, dall' Istituto Pasteur, Medici Senza Frontiere, il Concilio Indiano sulla Ricerca Medica, il Ministero della Salute della Malaisia, l'Istituto per la Ricerca Medica del Kenia, con la partecipazione del programma dell'OMS sulla ricerca e formazione sulle malattie tropicali.
[13]http://www.researchappeal.org.

pito da questa malattia, che, tuttavia, non è stata eradicata in nessun Paese. Per ciò che riguarda la terapia, la maggior parte dei farmaci disponibili risale agli anni Cinquanta e, per essere efficace, deve essere protratta per almeno 6-8 mesi. I farmaci di "seconda linea", che sono meno tollerati e più costosi (la terapia costa fino a 3500 dollari a persona), sono sempre più necessari per il fenomeno della resistenza, favorito dalla scarsa attenzione al corretto regime terapeutico. Si stima che ogni anno vi siano 400000 nuovi casi di pazienti infetti con ceppi multiresistenti[14], che richiedono due anni di terapia, senza garanzia di guarigione [24]. Ad aggravare questo quadro, vi è il fatto che il rischio d'infezione da *Mycobacterium tubercolosis* è reso 100 volte superiore dall'AIDS e che la TBC concorre a circa il 13% delle morti da AIDS in tutto il mondo.

La malaria, d'altro canto, rappresenta la principale causa di mortalità infantile a livello mondiale. Provoca circa 1,2 milioni di morti l'anno, per il 90% in Africa (per lo più bambini al di sotto dei 5 anni) [25] e rappresenta un problema anche in Europa, essendo i casi di malaria "importata" decuplicati tra il 1972 e il 2000, passando da 1500 a 15000. Per quanto riguarda la terapia, la clorochina, il farmaco che negli anni Sessanta e Settanta è stato molto importante nella cura di questa malattia, è oggi considerato inadeguato in molte popolazioni, perché nel tempo si sono selezionati ceppi resistenti del *Pasmodium falciparum*, il parassita responsabile della maggior parte di casi di malaria. Così anche la resistenza alla combinazione di sulfadossina e pirimetamina ha reso largamente inefficace il farmaco Fansidar [26]. Oggi, la terapia suggerita dall'OMS, prevede la somministrazione di due farmaci, di cui uno è un derivato dell'artemisinina (come artesunato e artemetere); per questo viene indicata come terapia di combinazione basata sull'artemisinina (siglata ACT: *Artemisinin-based Combination Therapy*). L'artemisinina è un principio attivo estratto dalla pianta *Artemisia annua*, la cui coltivazione attualmente non risulta adeguata alle necessità. Questa terapia, inoltre, è ancora troppo costosa per molti Paesi, i quali si trovano costretti a continuare con le terapie più tradizionali, anche quando sia già diffusa la resistenza.

A fianco di patologie a elevata incidenza globale, come tubercolosi e malaria, vi sono malattie di minore impatto, che hanno sofferto di una carenza cronica di investimenti e che, comunque, insieme, procurano annualmente la morte di circa 500 mila persone, per lo più in Africa. Sono malattie infettive tropicali (dovute a protozoi, elminti o batteri), fra cui la tripanosomiasi umana africana o malattia del sonno, la tripanosomiasi

---

[14]Resistenti a più chemioterapici.

americana o malattia di Chagas e la leishmaniosi [27]. Una recente *review* pubblicata sulla rivista internazionale *Trends in Parasitology* [28], fa il punto sulla chemioterapia per le tripanosomiasi e la leishmaniosi, con un confronto tra i farmaci disponibili nel 1985 e quelli presenti 20 anni dopo, nel 2005, mostrando come sia stata veramente esigua la crescita nella disponibilità di cure, nonostante questi anni siano stati, invece, densi di nuove conoscenze sulla biologia e sulla genetica dell'agente eziopatologico e sulla fisiopatologia delle stesse malattie.

In corrispondenza dell'aumentata attenzione verso il rapporto salute-povertà da parte della comunità internazionale che, con il Progetto, promosso dalle Nazioni Unite, *Millennium Development Goals* (MDG), si è posta, fra gli obiettivi, quello di ridurre del 50% il numero di persone in assoluta povertà entro il 2015[15], si è assistito ad una aumentata consapevolezza e presa di posizione a favore delle problematiche connesse alla salute nei Paesi poveri anche da parte di molte singole Istituzioni. In questo contesto, il Parlamento Europeo ha avviato una politica di sostegno alla ricerca sulle malattie dimenticate, come dimostra il "Partenariato Europa-Paesi in via di sviluppo per gli Studi Clinici", avviato all'interno del 6° Programma quadro di ricerca dell'Unione europea [29]. Un se pur cauto ottimismo, per il futuro di queste malattie, sembra, inoltre, derivare dalla realtà del 2005, che ha potuto contare 63 progetti sulle malattie dimenticate, due nuovi farmaci in fase di registrazione e 18 in sperimentazione clinica, metà delle quali già in fase III[16] [30-33]. Dei 63 progetti sopracitati, 47 sono condotti grazie a *partnership* pubblico-privato (PPP) per la salute, di cui esiste uno specifico database che ne conterebbe attualmente 92[17]. Se questo fenomeno delle PPP non assumerà un mero carattere speculativo, potrebbe cambiare il panorama dello sviluppo di farmaci per alcune delle malattie dimenticate già nei prossimi anni.

Un fatto positivo è anche che alcuni Paesi in cui sono diffuse tali malattie fra cui Brasile, Egitto e India, possiedono oggi infrastrutture per condurre loro stessi la ricerca sulle malattie dimenticate. Definiti Paesi in via di sviluppo "innovativi" [34], essi raccolgono il frutto di decenni di investimenti in settori come l'istruzione, la ricerca medica, la capacità manifatturiera e le infrastrutture.

---

[15]http:// www.un.millenniumgoals.org.
[16]Ultima fase nella sperimentazione clinica di un farmaco prima della messa in commercio.
[17]http://www.ippph.org/index.cfm?page=/ippph/partnerships.

4. Quando il farmaco arriva ma non è un vero farmaco: il problema globale della contraffazione

Un'ultima, ma non meno importante problematica, inerente l'accesso alle cure nei Paesi poveri, e che è presente anche nei Paesi industrializzati, è quella della contraffazione dei farmaci. L'OMS ha stimato in 35 miliardi di dollari il *business* annuale dei farmaci contraffatti, a livello mondiale. In media, su scala planetaria, fino al 15% dei farmaci venduti sono contraffatti, ma nei soli Paesi in via di sviluppo la media sale al 25% e, in alcune parti dell'Africa e dell'Asia, si arriva a più del 50% [35, 36]. Diverse sono le tipologie di contraffazione riscontrate. I *fake drugs* possono non contenere il principio attivo, contenerne un sottodosaggio, presentare un ingrediente sbagliato e tossico o non essere confezionati correttamente.

Fra il 1995 e il 1998, in Nigeria, India, Bangladesh, Haiti, Argentina, più di 500 persone, per lo più bambini, sono morti per aver ingerito glicol-dietilenico, contenuto in uno sciroppo di paracetamolo, al posto del glicol-polipropilenico, un eccipiente comunemente utilizzato nei medicinali. Inoltre, è stato stimato che, nel 2001, 192000 cinesi siano morti per farmaci contraffatti. Ma numerosi altri casi eclatanti sono stati riportati, come quello che risale al 1995, in seguito alla donazione da parte della Nigeria al Niger di 88 mila unità di vaccino contro la poliomielite, rivelatesi contenere solo acqua sporca, ai più recenti casi di farmaci antimalarici che non contenevano il principio attivo artesunato, nel Sud-Est Asiatico, oppure di farmaci antidepressivi venduti come antiretrovirali in Africa e ancora farmaci venduti nel Nord America, per diverse patologie, risultati contraffatti (ad esempio, l'antianemico eritropoietina, i farmaci antitumorali gemcitabina e paclitaxel, l'ormone della crescita, ecc.) [35].

Questo fenomeno ha raggiunto livelli assai preoccupanti su scala globale e per affrontarlo si è già svolto il secondo "Forum globale anticontraffazione dei prodotti farmaceutici" (Parigi, marzo 2005)[18], cui hanno preso parte rappresentanze delle maggiori Compagnie farmaceutiche e di Governi, professionisti in campo medico-scientifico, organizzazioni non governative e anche agenzie investigative private. Anche in Italia, recentemente (febbraio 2006, a Roma), si è svolta una Conferenza Internazionale dal titolo "*Combating Counterfeit Drugs*", promossa dall'AIFA[19] e dall'OMS

---

[18]Il primo si è svolto a Ginevra nel Settembre 2002.
[19]Agenzia Italiana del Farmaco (ha sostituito la vecchia CUF, Commissione Unica sul Farmaco).

al fine di individuare principi e azioni comuni volti a combattere la contraffazione dei farmaci [37].

Fra le cause della diffusione dei farmaci contraffatti, vi sono sicuramente il costo elevato dei medicinali e la mancanza di assistenza sanitaria pubblica, che spingono molta parte della popolazione, anche dei Paesi industrializzati, a ricercare nel *mercato nero* la soluzione ai propri problemi di salute. Inoltre, vi è l'assenza di controlli adeguati sul mercato sia delle materie prime che dei prodotti finali, sostenuta dall'incapacità di molti governi di creare organismi di controllo competenti specificamente dedicati.

5. I pericoli dietro l'illusione delle farmacie on line

Un altro fenomeno tipico del mondo globale interviene a favore della diffusione dei farmaci contraffatti, soprattutto nella parte industrializzata del mondo. È il fenomeno delle *cyberpharmacies* o farmacie virtuali, che sta allargandosi a macchia d'olio e che non solo espone i consumatori al rischio della contraffazione, ma favorisce anche l'abuso dei prodotti terapeutici[20].

Secondo il rapporto di un'agenzia anticontraffazioni[21], relativo all'anno 2002 e che, quindi, sicuramente sottostima il fenomeno attuale, di 585 farmacie virtuali totali, il 23% non richiedeva nessun tipo di ricetta medica, il 67% realizzava un consulto medico fittizio con un semplice questionario *on line*, e solo il restante 10% forniva il farmaco dietro invio della ricetta.

Quanto questo mercato sappia sfruttare ogni occasione propizia, lo dimostra il recente (inizio 2006) sequestro a Londra di 5 mila scatole dell'antivirale Oseltamivir (Tamiflu), vendute tramite Internet, senza ricetta medica, sfruttando la paura per la paventata epidemia di aviaria.

Purtroppo, siamo in assenza di un quadro normativo specifico sull'argomento. Nell'Unione Europea bisogna rifarsi alle norme che regolano, in generale, il commercio dei farmaci a distanza, ovvero:
- la clausola minimale della 97/7, art. 14, che lascia agli Stati membri la possibilità di vietare la vendita a distanza di tutti i medicinali al fine di proteggere la salute pubblica; la maggioranza degli Stati, Italia compre-

---

[20]Il problema investe anche l'utilizzo di fitoterapici.
[21]La *GenuOne*: http://www.genuone.com/.

sa, hanno recepito il divieto nelle rispettive legislazioni nazionali (solo per i farmaci etici e non quelli da banco);

- la normativa sul "teleshopping" (97/36), che proibisce la vendita per televisione dei medicinali.

Infine:

- la direttiva sulla pubblicità (92/28), integrata con la 2001/83 che stabilisce il divieto di pubblicità al pubblico per i farmaci che necessitino di prescrizione medica, contengano psicotropi o stupefacenti e non siano concepiti per essere utilizzati senza l'intervento del medico.

La FDA[22] americana ha già avviato una campagna di sensibilizzazione dei cittadini statunitensi sui rischi del mercato *on line* dei medicinali, oltre ad aver predisposto un programma per contrastare la diffusione dei farmaci contraffatti [38]. Entro il 2007, l'Ente prevede di utilizzare particolari etichette (RfiD) con un codice unico per ogni singola confezione, che consentirà al consumatore di accertarne la provenienza direttamente in Internet.

6. Conclusioni

Il mancato accesso alle cure nei Paesi poveri, da una parte, e l'abuso dei medicinali nel mondo industrializzato, dall'altra, sono solo apparentemente in contraddizione fra loro. Rappresentano, invero, i due volti di una stessa realtà, quella di un mondo globalizzato che non guarda realmente all'armonizzazione del nostro pianeta, ma che, sopraffatto dalla logica del potere e del profitto, introduce ulteriore squilibrio nella salvaguardia del diritto alla salute di tutti, minando una delle basi della pace e della sicurezza a livello mondiale.

Bibliografia

1. World Health Report 2005: http://www.who.int/whr/2005/en/index.html
2. Sito di Medici Senza Frontiere con notizie sulla "Campagna per l'accesso ai farmaci essenziali": http://www.msf.it/cosafacciamo/accesso/index_far.php

---

[22]*Food and Drug Administration*: agenzia sanitaria statunitense che si occupa di controllo sui cibi e sui farmaci.

3. Sito di Medici Senza Frontiere con notizie sulla "Campagna per l'accesso ai farmaci essenziali": http://www.msf.it/cosafacciamo/accesso/dettaglio.php?Id=35
4. WHO (1977) The selection of essential drugs: report of a WHO expert committee. (Tech Rep Ser WHO no 615). Geneva: World Health Organization
5. http://www.who.int/medicines/publications/essentialmedicines/en/; nello stesso sito web esiste anche la possibilità di consultare una tabella di comparazione tra le varie liste di farmaci essenziali pubblicate nel corso degli anni
6. Dalla pubblicazione di Medici Senza Frontiere "Fatal imbalance", p 16: http://www.doctorswithoutborders.org/publications/reports/2001/fatal_imbalance_short.pdf#search='fatal%20imbalance%20MSF'
7. Global Pharmaceutical Sales by Region (2005) Pubblicazione on line della agenzia IMS http://www.imshealth.com/ims/portal/front/indexC/0,2773,6599_77478579_0,00.html
8. Home page del WTO/OMC: http://www.wto.org/english/thewto_e/whatis_e/whatis_e.htm
9. Wallach L, Sforza M (2002) WTO. Tutto quello che non vi hanno mai detto sul commercio globale. Feltrinelli Editore, Milano
10. http://www.ictsd.org/ministerial/doha/draftTRIPS21Oct.pdf#search='WTO%20TRIP %20Agreement%202016%20developing'
11. Lista, delle Nazioni Unite, dei 50 "Least Developed Countries": http://www.unctad.org/Templates/WebFlyer.asp?intItemID=3074&lang=1
12. Kumarasamy N, Solomon S, Chaguturu SK e coll (2005) The changing natural history of HIV disease: before and after the introduction of generic antiretroviral therapy in southern India. Clin Infect Dis 41:1525-1528
13. Risoluzione del Parlamento Europeo per le malattie gravi e trascurate nei Paesi in via di sviluppo (2005): http://www.europarl.eu.int/meetdocs/2004_2009/documents/re/p6_ta-prov(2005)0341_/p6_ta-prov(2005)0341_it.pdf
14. http://www.medicisenzafrontiere.it/msinforma/comunicati_stampa/08022006.shtml
15. UNDP (United Nactions Development Program) (1999) Rapporto sullo sviluppo umano, Ginevra p 68
16. Testo integrale della dichiarazione di Doha tradotto a opera di "Medici Senza Frontiere" http://www.msf.it/cosafacciamo/accesso/doha.shtml
17. Testo originale della dichiarazione di Doha: http://www.wto.org/english/thewto_e/minist_e/min01_e/mindecl_e.pdf
18. World Trade Organization (WTO) (2003) Implementation of paragraph 6 of the Doha Declaration on the TRIPs Agreement and public health. Decision of the General Council of 30 August: http://www.wto.org/English/tratop e/trips e/implem para6 e.htm
19. The 10/90 GAP sul sito del Global Forum for Health Research: http://www.globalforumhealth.org/Site/000_Home.php
20. Trouiller P, Olliaro P, Torreele E e coll (2002) Drug development for neglected diseases: a deficient market and a public-health policy failure. Lancet 359:2188-2194
21. Home page della DNDi: http://www.dndi.org/
22. Home page dell'Organizzazione Global fund: http://www.theglobalfund.org/it/
23. Dati OMS ripresi dal "Global TB Factsheet": http://www.who.int/tb/publications/tb_global_facts_sep05_en.pdf
24. Dye C, Williams BG, Espinal MA, Raviglione MC (2002) Erasing the world's slow stain: strategies to beat multidrug-resistant tuberculosis. Science 295:2042-2046
25. Hay SI, Guerra CA, Tatem AJ e coll (2004) The global distribution and population at risk of malaria: past, present and future. Lanc Infect Dis 4:327-336
26. Barnes KI, White NJ (2005) Population biology and antimalarial resistance: the transmission of antimalarial drug resistance in Plasmodium falciparum. Acta Trop 94:230-240

27. Molyneux DH, Hotez PJ and Fenwick A (2005) Rapid-impact interventions: how a policy of integrated control for Africa's neglected tropical diseases could benefit the poor. PLoS Medicine 2:1-7

28. Croft SL, Barrett MP, Urbina JA (2005) Chemotherapy of trypanosomiases and leishmaniasis. Trends Parasitol 21:508-512

29. Copia della Gazzetta Ufficiale riportante la decisione del Parlamento europeo http://www.unicri.it/min.san.bollettino/normativa/nuovi%20interventi%20clinici%20contro%20HIV%20AIDS%20nei%20PVS.pdf

30. Plos Medicine Editors (2005) A new era of hope for the World's most neglected diseases. PLoS Medicine 2:323

31. Moran MA (2005) Breakthrough in R&D for neglected diseases: new ways to get the drugs we need. PLoS Medicine 2:828-832

32. Nwaka S (2005) Drug discovery and beyond: the role of public-private partnerships in improving access to new malaria medicines. Trans Royal Soc Trop Med Hyg 995:520-529

33. Nwaka S, Ridley RG (2003) Virtual drug discovery and development for neglected diseases through public-private partnerships. Nat Rev Drug Discov 2:919-928

34. Morel CM, Acharya T, Broun D e coll (2005) Health innovation networks to help developing countries address neglected diseases. Science 309:401-404

35. Cockburn R, Newton PN, Agyarko EK e coll (2005) The global threat of counterfeit drugs: why industry and governments must communicate the dangers. PLoS Medicine 2:302-308

36. Informazioni essenziali sui farmaci contraffatti direttamente dal sito dell'Organizzazione Mondiale della Sanità: http://www.who.int/mediacentre/factsheets/fs275/en/index.html

37. Dichiarazione finale della Conferenza internazionale sui farmaci contraffatti tenutasi a Roma nel febbraio 2006: http://www.who.int/medicines/services/counterfeit/RomeDeclaration.pdf

38. Sito web della FDA che tratta le problematiche dei farmaci contraffatti: http://www.fda.gov/counterfeit

9. Globalizzazione e salute: nuove prospettive e nuovi rischi nell'era della genomica

Anna Maria Rossi

1. Introduzione

Il binomio *globalizzazione/salute* salta usualmente alla ribalta di fronte alle emergenze sanitarie come la SARS[1], o più recentemente l'influenza aviaria, che godono fin troppo spesso dell'onore delle cronache. Considerata la velocità con cui si possono diffondere nuovi germi patogeni, giustamente è cresciuta la preoccupazione per il rischio di pandemie. Tuttavia, possiamo sentirci rassicurati, almeno in parte, dal fatto che la globalizzazione si porta dietro anche un'elevata capacità di rispondere alle emergenze su scala planetaria, com'è successo per il controllo della diffusione della SARS e si spera che succeda nel caso dell'influenza aviaria.

Il rapporto tra *globalizzazione* e *salute* può essere guardato in una prospettiva più ampia, diversa da quella delle emergenze sanitarie, tenendo presente che la globalizzazione agisce contestualmente su diversi fattori determinanti per la salute generale, e non si tratta solo di fattori economici, ma anche politico-istituzionali, socioculturali e ambientali [1]. Basti pensare a quanto l'instabilità politica e lo stato di conflitto possano pesare sulle possibilità di sviluppo economico e sociale di un Paese e, direttamente o indirettamente, sullo stato di salute della popolazione.

---

[1]*Severe Acute Respiratory Syndrome* (SARS): sindrome respiratoria acuta grave.

2. Il divario tra Nord e Sud

Nonostante il diritto alla salute sia stato universalmente riconosciuto come un diritto fondamentale [2], le enormi disparità tra i Paesi a diverso livello di sviluppo si frappongono al raggiungimento di una buona salute globale. Tanto per fare un esempio, nell'ultimo secolo la speranza di vita è molto aumentata in tutto il Mondo, ma il dislivello tra Nord e Sud resta considerevole: mentre nei Paesi avanzati supera ormai gli ottanta anni, in alcuni Paesi dell'Africa Sub-Sahariana non arriva nemmeno alla metà [3]. D'altra parte, i progressi più significativi in termini di salute pubblica si sono avuti in quei Paesi emergenti che hanno potuto contare sulla pace e su maggiori investimenti per il miglioramento delle condizioni socio-economiche della popolazione[2].

Accanto alle notevoli differenze tra Paesi a diverso grado di sviluppo, non bisogna però dimenticare che, anche nei Paesi più avanzati, persistono gravi disparità tra le classi sociali nell'accesso alla prevenzione e alla cura delle malattie. Laddove è cresciuto il numero dei poveri è aumentato anche il numero dei malati, sia perché la povertà è intrinsecamente associata a una maggiore morbilità, ma anche perché, in alcuni Paesi, ai gruppi sociali meno abbienti è precluso perfino il diritto all'assistenza medica di base. Ne è una prova la stima che la speranza di vita dei ceti più poveri sia mediamente di dieci anni più bassa di quella dei più ricchi. Ed è altrettanto significativo che la probabilità di sopravvivenza al cancro sia proporzionale allo status socioeconomico, che è correlato sia al livello di sorveglianza, e quindi alla diagnosi precoce, che all'accesso alle terapie più efficaci, spesso più costose. Per realizzare l'obiettivo di una buona salute per tutti è necessario puntare a un maggior livello di equità per quanto riguarda la prevenzione e l'accesso alle cure sia tra gli strati della popolazione che tra i diversi Paesi.

Ci sono differenze sostanziali tra i problemi sanitari dei Paesi avanzati e quelli del Terzo Mondo. Nei primi si ha un'altissima diffusione di malattie ampiamente attribuibili agli stili di vita e alla struttura demografica della popolazione. Attualmente si stimano 33 milioni di morti all'anno in tutto il

---

[2]Si veda anche il Capitolo 2.

Mondo a causa del cancro, del diabete, delle malattie degenerative del sistema cardio-circolatorio e del sistema nervoso [3]. L'incidenza di queste malattie è in spaventoso aumento nei Paesi industrializzati, in parallelo con l'invecchiamento della popolazione, ma sta crescendo in misura significativa anche nei Paesi emergenti, in concomitanza con il diffondersi di modelli di vita di tipo "occidentale". E ciò a dispetto del fatto ormai noto che il rischio di insorgenza potrebbe essere efficacemente ridotto intervenendo sui fattori eziologici principali, quali la dieta troppo ricca, la scarsa attività fisica, lo stress eccessivo, l'abuso di droghe e la presenza di sostanze tossiche nell'ambiente. Nel Terzo Mondo, viceversa, i problemi sanitari prioritari sono essenzialmente connessi a un'altissima diffusione di malattie infettive conseguenti alla malnutrizione, troppo spesso essa stessa un portato della guerra, alla scarsità di risorse idriche e al basso livello delle condizioni igienico-sanitarie. La mortalità materno-infantile è elevatissima e 11 milioni di bambini muoiono prima dei cinque anni di età, oltre 2 milioni muoiono in conseguenza di forme diarroiche e infezioni polmonari [3]. Milioni di vite umane potrebbero essere risparmiate con opportune campagne di prevenzione e di educazione sanitaria, oltre che con terapie efficaci volte a debellare le infezioni che sono alla radice di questa terribile strage. Comunque, le malattie infettive non colpiscono in modo indiscriminato e sono tragicamente più diffuse tra i ceti più deboli. La TBC[3], che insieme alla malaria e all'AIDS[3], detiene il triste primato di causare 6 milioni di morti all'anno in tutto il Mondo, colpisce dieci volte di più i poveri e la principale responsabile è la mancanza di acqua potabile.

La mappa mondiale della diffusione della TBC, come quella di altre malattie infettive, ricalca quasi perfettamente la mappa della povertà e, quindi, la lotta a queste piaghe va giocata su un unico tavolo, come viene riconosciuto anche dai 191 Paesi firmatari degli *UN Millennium Development Goals* (MDG)[4], nei quali si riafferma l'importanza cruciale della riduzione della mortalità, soprattutto quella materno-infantile, e del miglioramento della qualità della vita e delle condizioni ambientali, come requisiti primari per la realizzazione degli obiettivi principali di sradicare la povertà e di promuovere uno sviluppo sostenibile entro il 2015 [4].

---

[3]TBC: tubercolosi; AIDS: sindrome da immuno-deficienza acquisita.
[4]*UN Millennium Development Goals*: Obiettivi delle Nazioni Unite per lo Sviluppo al volgere del Millennio.

3. Il ruolo della ricerca scientifica
nella promozione della salute globale

Ci sono ovviamente molte strategie di intervento per migliorare la salute globale. Un punto cardinale è il consolidamento dei servizi sanitari, che garantiscono un sistema centralizzato di salvaguardia della salute. Spesso, nei Paesi in via di sviluppo, l'organizzazione dei sistemi sanitari è debole e mancano le infrastrutture minime, per cui maggiori risorse devono essere destinate ai servizi, soprattutto quelli rivolti alla prevenzione, e non limitarsi solo alla distribuzione di farmaci. D'altra parte, nei Paesi più avanzati, sta prendendo piede una concezione neoliberista che vede la salute del cittadino come un bene *privato*, sottoposto alle leggi del mercato. In molti Paesi, tra cui il nostro, la salute della popolazione viene posta sempre più in secondo piano, con una progressiva privatizzazione dei servizi e una parallela riduzione degli investimenti pubblici nel settore [5]. Altri punti basilari sono il potenziamento del sistema scolastico[5], per ottenere un livello più elevato di istruzione generale, soprattutto per le giovani generazioni, e il risanamento ambientale, incentrato sulla riduzione dell'inquinamento, sulla potabilizzazione delle acque e sullo smaltimento dei rifiuti.

Nel quadro delle strategie per la promozione della salute globale, anche la ricerca scientifica e l'innovazione tecnologica rappresentano un punto di forza fondamentale. È quanto sostiene anche la WHO[6], che caldeggia un potenziamento delle risorse dedicate alla ricerca sui problemi sanitari specifici del Terzo Mondo [6]. Nello stesso contesto, la WHO rileva che la genomica[7] e le biotecnologie a essa collegate hanno ampie potenzialità di promuovere lo sviluppo e, parallelamente, la salute globale, soprattutto se gli investimenti nel cosiddetto settore *biotech* saranno orientati prioritariamente alla soluzione dei mali che affliggono la parte più svantaggiata del Pianeta. Analogamente, la *UN Task Force ST&I*[8], nel ribadire che le cono-

---

[5]L'organizzazione e l'efficacia dei sistemi formativi si ripercuotono sul livello dell'educazione sanitaria della popolazione generale e, di riflesso, sulle condizioni igienico-sanitarie, soprattutto in rapporto alla prevenzione della malattia.
[6]*World Health Organization*: Organizzazione Mondiale della Sanità (OMS)
[7]La genomica è la scienza che studia la struttura e la funzione del genoma o patrimonio genetico (si veda nota[9]).
[8]*UN Task Force ST&I*: gruppo Operativo delle Nazioni Unite su Scienza, Tecnologia ed Innovazione.

scenze genomiche debbano essere considerate un *bene pubblico globale*, raccomanda che venga incoraggiata la cooperazione tra settore privato e istituzioni pubbliche per tradurre le nuove acquisizioni scientifiche in prodotti accessibili e a basso costo, destinati a combattere le malattie più comuni [7].

4. La genomica e le biotecnologie al servizio della salute

Il settore *biotech* prende l'avvio dalla tecnologia del DNA ricombinante o ingegneria genetica, che nasce nel 1972 quando Paul Berg ottenne la prima molecola di DNA ricombinante, derivante dalla fusione di DNA proveniente da organismi diversi. Da allora si è straordinariamente accresciuta la capacità di trasferire proprietà e caratteristiche genetiche da un organismo all'altro. D'altra parte, verso la fine degli anni Ottanta, si erano già registrati notevoli progressi nel campo della genetica e della biologia molecolare e, soprattutto, erano state sviluppate tecnologie rapide e potenti per lo studio del materiale genetico. In considerazione di queste acquisizioni, il premio Nobel Renato Dulbecco, in un famoso articolo pubblicato sulla rivista *Science* [8] nel 1986, lanciò l'idea di analizzare l'intero genoma umano[9]. La proposta suscitò consensi entusiastici per le immense potenzialità che la conoscenza dell'intero patrimonio genetico della nostra specie avrebbe potuto aprire nella comprensione più approfondita della fisiologia umana e delle basi biologiche di molte malattie. Suscitò però anche un coro di critiche, principalmente per i costi colossali che l'iniziativa avrebbe avuto, nel timore che le risorse necessarie sarebbero state sottratte ad altri settori di ricerca e soprattutto ad altri investimenti in campo sanitario.

---

[9] Il genoma o patrimonio genetico è l'insieme delle istruzioni, contenute nel DNA, che controllano lo sviluppo e il funzionamento di un organismo vivente.

Il *progetto genoma umano* fu avviato negli Stati Uniti nel 1990, ma divenne ben presto un'impresa collaborativa sopranazionale, con la creazione di un consorzio pubblico internazionale e il sostegno finanziario anche di soggetti privati, come la Wellcome Trust in Inghilterra [9] o il Telethon in molti Paesi, tra cui l'Italia [10].

Per le enormi potenzialità di applicazione della genomica, di grande valore anche sul piano commerciale, entrarono in campo varie compagnie private, come la Celera [11], che avviarono progetti paralleli, in parte in competizione con il consorzio. Lo sforzo collaborativo non si limitò allo studio del genoma umano, ma furono avviate centinaia di progetti per lo studio dei genomi di altri organismi viventi, alcuni di immediato interesse clinico (agenti patogeni, come batteri e virus), agroalimentare e industriale (anche piante ed animali), altri da usare come modelli più semplici per lo studio del genoma umano.

Si può dire che il *progetto genoma umano* abbia segnato un punto di svolta nella concezione stessa della ricerca *biotech* che si è trasformata in *big science*, dando un notevole impulso ad altre discipline come la chimica, la fisica, la matematica, l'informatica e l'ingegneria, che sono state impegnate nello sviluppo delle tecnologie di supporto, indispensabili per uno studio su vasta scala di questa portata. Naturalmente, i grossi interessi economici in gioco hanno contribuito a non far mancare i risvolti che generalmente accompagnano la *big science*: i condizionamenti politici ed economici sulla scelta di finanziare un progetto piuttosto che un altro, sulla segretezza di ricerche che possono trovare applicazione in settori strategici, sia in campo industriale sia militare, sulle modalità di divulgazione e di applicazione delle scoperte, dalla copertura dei brevetti alla commercializzazione, e via dicendo.

Con grande soddisfazione, e con toni forse esageratamente trionfalistici, nel 2003 fu annunciato che la sequenza dell'intero genoma umano era stata completata, due anni prima di quanto preventivato e in coincidenza con il cinquantenario della scoperta della struttura a *doppia elica* del DNA. Ma il lavoro è tutt'altro che finito, anzi si può dire che sia appena cominciato[10].

---

[10]Le istruzioni contenute nel genoma sono simili ad una ricetta: come nella preparazione di un piatto, anche il più semplice, il risultato finale, cioè l'insieme delle caratteristiche dell'individuo, non è determinato a priori e in modo preciso, ma dipende dall'interazione fra gli ingredienti (i geni) e il modo in cui vengono cucinati (vale a dire dalle condizioni ambientali, dallo stile di vita, dalle scelte personali, ecc.). Le interazioni possibili sono pressoché infinite per cui lo studio della genomica è particolarmente complesso.

È facilmente prevedibile che ci vorranno molti decenni di ricerca e di studio per assimilare, organizzare e integrare l'enorme mole di informazioni raccolte, la maggior parte delle quali è stata messa liberamente a disposizione di tutta la comunità scientifica [12].

La genomica è stata considerata la *rivoluzione industriale* della biologia, anche se non tutti condividono il grande entusiasmo che ha accompagnato la svolta. A leggere i giornali si ha l'impressione che si stiano ottenendo successi spettacolari e che ancora più straordinari se ne aspettino nel futuro, anche immediato, mentre in realtà si tratta di una sfida tutta aperta e i risultati concreti sono ancora relativamente modesti. Ma la partita si gioca sempre di più tra il settore pubblico della ricerca e quello privato, talvolta in concerto, ma più spesso in conflitto[11].

Tuttavia, è innegabile che la genomica abbia aperto interessanti prospettive in campo sanitario. Uno degli obiettivi più ambiziosi è quello di chiarire la relazione tra lo stato di salute di un individuo e il suo patrimonio genetico, cioè di capire quale ruolo abbiano i geni e le loro interazioni con i fattori ambientali nell'eziologia delle malattie. Nell'era della genomica, infatti, si è trasformato in modo sensibile il nostro approccio alle malattie, per quanto riguarda la prevenzione, la diagnosi e la terapia ed è cambiato radicalmente il modo di pensare e di studiare la biologia, il modo stesso di far ricerca, per *cercare non solo di conoscere quello che c'è in un organismo vivente, ma anche quello che non c'è e vi può essere introdotto*. Ma bisogna stare attenti a non farsi prendere da un eccessivo entusiasmo. Se si tende a dare un peso esagerato al ruolo dei fattori genetici e ai possibili benefici di una *medicina genomica*, si rischia di pensare che non sia necessario intervenire per migliorare la qualità della vita e le condizioni ambientali, e soprattutto per rimuovere le barriere delle disuguaglianze socio-economiche. Al contrario, nonostante le grandi aspettative che si sono generate, alle quali i mezzi di comunicazione dedicano un'attenzione per certi versi sproporzionata, in realtà la maggior parte dei frutti si potranno raccogliere solo nei tempi lunghi.

---

[11]L'aspetto competitivo non deve sorprendere, è invece da considerare positivamente la sinergia che si è creata tra questi due mondi, che hanno principi diversi e finalità divergenti, l'uno fondamentalmente basato sull'accademia, che ha come missione primaria lo sviluppo e la diffusione delle conoscenze, mentre l'altro fondamentalmente basato sull'impresa, che ha come scopo principale la produzione e il profitto che ne può derivare.

5. Le prospettive più immediate

Le nuove acquisizioni scientifiche, tuttavia, possono contribuire già da adesso a migliorare la salute globale e in particolare quella dei Paesi più svantaggiati [13].

Il settore che ha avuto il maggiore impulso è quello dei metodi diagnostici. La conoscenza del genoma dell'agente patogeno, anche se prima del tutto sconosciuto, permette, nel giro di poche settimane dal suo isolamento, di approntare metodi diagnostici di semplice esecuzione e a costi per lo più contenuti, come è stato nel caso della SARS. Ogni anno vengono disegnati e prodotti centinaia, se non migliaia, di nuovi test accrescendo la capacità di accertare lo stato di malattia, in modo accurato e affidabile. Ma è soprattutto la rapidità dei test che può assicurare una diagnosi precoce ed una terapia adeguata, allo scopo di ottenere una guarigione più immediata, un minor spreco di risorse in terapie inutili o inefficaci e, soprattutto per le malattie infettive, il contenimento del contagio. Alcuni accorgimenti, anche molto semplici, possono rendere le tecniche diagnostiche particolarmente valide e adattabili anche in situazioni particolarmente disagiate, in cui può mancare l'acqua corrente o l'elettricità. A volte basta un semplice espediente, come quello di essiccare il campione di sangue su un pezzetto di carta da filtro che può poi essere spedito al laboratorio di analisi per accertare la presenza di HIV o di altri organismi patogeni, garantendo una buona conservazione del campione per molto tempo anche senza refrigerazione [14].

Un altro settore nel quale si sono registrati notevoli progressi è quello dei vaccini, che trovano impiego nella prevenzione delle malattie infettive, ma anche nella cura di malattie degenerative, come il cancro. Anche in questo caso, i tempi di sviluppo sono molto accelerati grazie alla facilità di ottenere informazioni sul genoma degli agenti infettivi o delle cellule mal funzionanti. Per esempio, nonostante l'agente della malaria, il *Plasmodium falciparum*, sia già stato identificato da decenni, i molteplici tentativi di produrre un vaccino efficace con i metodi tradizionali non hanno mai avuto successo[12]. Si deve invece alle biotecnologie lo sviluppo di un vaccino ricombinante che è già in fase avanzata di sperimentazione in Gambia e Mozambico, dove la malaria è endemica e miete una vittima ogni mezzo minuto [15]. Tuttavia, nel caso dei vaccini, i tempi tra l'elaborazione del prodotto e il suo impiego clinico generalizzato sono piuttosto prolungati, per-

---

[12]Vedi Capitolo 8.

ché è indispensabile verificarne l'efficacia clinica e l'innocuità prima della sua commercializzazione e dell'uso su vasta scala.

Un altro campo al quale le nuove acquisizioni hanno dato e certamente daranno grande impulso nel prossimo futuro è quello della *drug discovery*. Attualmente la maggior parte dei farmaci prodotti nel Mondo sono indirizzati solo verso 500 bersagli molecolari, mentre lo studio della genomica potrebbe portare alla scoperta di migliaia di nuovi siti cellulari e quindi permettere di disegnare nuovi farmaci, mirati a correggere il difetto che è alla radice della malattia. Una migliore comprensione del ruolo dei geni nei processi fisiologici e patologici può indirizzare la ricerca verso farmaci che svolgano la loro azione direttamente sui bersagli molecolari direttamente coinvolti nello sviluppo della malattia o nel suo decorso. Grazie alla genomica si possono anche scoprire nuove applicazioni di farmaci già noti, come nel caso della fosmidomicina, un prodotto già utilizzato contro le infezioni urinarie. Studiando il genoma del *Plasmodium,* il parassita che è l'agente eziologico della malaria, si è scoperto che il farmaco può inibire un gene con una funzione vitale per il microrganismo e, quindi, è in grado di bloccare la malattia [16].

Questo campo è in grandissimo sviluppo, anche se le aspettative un po' troppo ottimistiche dei primi anni Novanta sono state ridimensionate, soprattutto per le biotecnologie. Per esempio, la terapia genica, che è uno dei temi che ha maggiormente eccitato l'immaginario collettivo, non è andata al di là di alcuni sporadici successi e la sua applicazione su vasta scala ha incontrato molte difficoltà, soprattutto per l'insorgenza di effetti collaterali e per la durata limitata dell'efficacia terapeutica. Tuttavia, sicuramente nei prossimi decenni questo settore vedrà espandere le sue potenzialità, soprattutto nella cura del cancro.

Sebbene sia necessaria ancora una grossa mole di lavoro per acquisire le conoscenze fondamentali che stanno alla base dell'espressione dei geni, per sfruttare appieno le potenzialità delle biotecnologie, gli scenari fin qui delineati danno un'idea dell'impatto che alcune applicazioni della genomica possono avere sulla salute globale. Va detto che altre implicazioni, anch'esse di grande rilevanza, interessano lo sviluppo di biotecnologie che attengono ad altri ambiti, in particolare al settore agroalimentare, al settore del risanamento ambientale, la cosiddetta *bioremediation*, e al settore industriale. Per ragioni di brevità questi aspetti, anch'essi legati di riflesso alla questione della salute globale, sono stati tralasciati in questo contesto.

6. Le scelte delle multinazionali del farmaco

Restando nel campo più strettamente sanitario, c'è da rilevare che attualmente il panorama di nuove opportunità si rivolge solo in minima parte ai problemi della maggior parte della popolazione mondiale. Uno squilibrio che è stato denominato il *gap 10/90* per sottolineare il fatto che il 90% degli investimenti per la ricerca sanitaria nel settore *biotech*, come in altri ambiti biomedici, sono spesi per studiare le malattie che affliggono il 10% della popolazione mondiale, e in generale la parte più ricca [17]. Va considerato che, a livello delle multinazionali farmaceutiche, che in larga misura indirizzano e condizionano la ricerca in questo settore, c'è un minore interesse a studiare e sviluppare vaccini e farmaci destinati a combattere le malattie più diffuse nel Sud del mondo, trascurando il fatto che i problemi sanitari spesso iniziano a livello locale, ma ben presto trascendono i confini nazionali e assumono una scala planetaria, come è stato per l'AIDS. La scelta di come impiegare le risorse destinate alla ricerca è cruciale. È sicuramente una visione economicamente miope, oltre che moralmente inaccettabile, quella di rivolgersi a piccoli mercati ricchi, sviluppando medicine sempre più sofisticate e costose, il cui uso potrebbe essere ristretto ai soli ceti più abbienti e precluso ai poveri della Terra, che possono permettersi le medicine solo se vengono abbassati i costi. È una vicenda ben conosciuta quella della battaglia legale per la riduzione dei costi dei farmaci retrovirali anti-AIDS in Africa, in cui si concentrano 25 milioni di HIV-positivi (il 70% di tutto il Mondo)[13]. Un caso meno noto ha avuto luogo un paio di anni fa, quando in Gran Bretagna fu lanciato un allarme per la meningite da meningococco di gruppo C, con una previsione di 10.000 casi di infezione e una stima di 1000 morti in dieci anni. Nel corso del 2003 ben tre industrie farmaceutiche svilupparono dei vaccini contro l'agente infettivo. Al contrario, nessuna multinazionale fu interessata a rispondere all'appello dell'UNICEF per progettare e produrre un vaccino contro il meningococco di gruppo A che nello stesso periodo ha causato 700000 casi di infezione e oltre 100000 morti nell'Africa Sub-Sahariana [18]. E allora viene da chiedersi se prevarranno solo considerazioni economiche o se si userà il potenziale dell'era della genomica per ridurre il divario tra Sud e Nord del Mondo. Le ricerche continueranno a concentrarsi sui prodotti per prevenire e curare le malat-

---

[13]Vedi Capitolo 8.

tie dei ricchi, che già consumano una grande quantità di medicine, senza peraltro elevare in modo significativo il livello di salute generale? L'alternativa è di volgere lo sguardo intorno e capire che quello che serve sono presidi sanitari a basso costo, destinati alla lotta alle malattie più comuni sul piano globale.

7. La cooperazione internazionale e l'iniziativa dei Paesi emergenti

Poiché l'accesso alle biotecnologie può essere un fattore limitante per alcuni Paesi meno avanzati e la diffusione delle conoscenze genomiche può essere molto rilevante per la promozione della salute globale, è indispensabile un'intensa cooperazione internazionale per favorire il trasferimento del know-how. Un segnale in questo senso viene dal Canada che nel 2004 ha varato un programma quinquennale che destina il 5% del proprio budget per *R&D* alla ricerca specificamente rivolta ai problemi del Terzo Mondo. Se quest'esempio venisse seguito dagli altri Paesi dell'OECD potrebbe esserci un significativo incremento delle risorse disponibili per la realizzazione dei MDG [19].

Tuttavia, fortunatamente negli ultimi anni sta cambiando la percezione della genomica e delle *biotech* come settori molto costosi e quindi non applicabili ai problemi dei Paesi poveri. Alcune applicazioni sono diventate molto più economiche ed efficienti delle controparti tradizionali. In parte perché alcune multinazionali hanno ritenuto di investire su questi mercati poveri, ma di dimensioni enormi. Per dare un'idea, una campagna di vaccinazione lanciata dall'UNICEF richiede l'allestimento di 700 milioni di dosi, e quindi, anche se viene imposto un costo molto basso per la singola dose, il valore commerciale dell'operazione non è di entità trascurabile e la ricaduta economica è comunque garantita dall'alto numero di persone.

Ma soprattutto sta cambiando l'atteggiamento dei Paesi emergenti che hanno preso iniziative per rispondere ai bisogni ed alle priorità sanitarie nazionali con l'ausilio della genomica, incentivando un proprio settore *biotech* [3]. In alcuni Paesi, come il Brasile, l'India o la Cina, un notevole impiego di risorse è stato destinato alla ricerca e allo sviluppo industriale nei settori farmaceutico e biotecnologico per la produzione di test, farmaci e vaccini a basso costo. Ne è una prova il fatto che nell'arco di pochi anni è centuplicato il numero di imprese *biotech* dei Paesi emergenti che partecipano alle conferenze organizzate dalla *Biotechnology Industry Organization* negli

Stati Uniti [20]. In una classifica che rapporta il numero di pubblicazioni scientifiche nel settore *biotech* per la salute al PIL, troviamo ai primi posti l'India e la Cina, seguiti da USA, Brasile, Germania, Gran Bretagna, Giappone, Sud-Africa, Canada e, solo al decimo posto, l'Italia. Anche prendendo come misura della capacità di innovazione il numero di brevetti *biotech* per la salute registrati presso l'*US Patent Office*, in rapporto al PIL, si trovano l'India e la Cina al terzo e quarto posto, subito dopo gli Stati Uniti e il Giappone [21]. Alcuni Paesi, come la Corea, hanno raggiunto elevati livelli di crescita economica proprio grazie ad un'elevata capacità di innovazione. È spiacevole notare che, anche in questa classifica, l'Italia occupi solo il decimo posto, mentre Paesi che partono da condizioni assai più svantaggiate hanno compreso che l'investimento in *R&D* del settore *biotech* rappresenta un potente motore della crescita economica[14].

Se si guardano più da vicino le strategie adottate, si possono capire meglio le condizioni che hanno favorito la *rivoluzione biotecnologica* in atto in alcuni Paesi, che hanno una solida tradizione scientifica e una capacità produttiva sufficiente per utilizzare le nuove conoscenze e tecnologie. L'India, per esempio, che fin dalla proclamazione della sua indipendenza nel 1947, non ha mai smesso di guardare alla scienza e alla tecnologia come una strada maestra per lo sviluppo del Paese, ha attuato una forte politica di sostegno della ricerca pubblica e del settore privato, con finanziamenti di oltre 3 miliardi di dollari nel 2004[15] [22]. Unitamente agli stanziamenti di entità paragonabile delle aziende private, questi investimenti hanno promosso la creazione della *Genome Valley*, un enorme centro di ricerca, dotato di strumenti aggiornati e in grado di utilizzare tecnologie sofisticate, e numerosi parchi scientifici dove lavorano a stretto contatto università, centri di ricerca e imprese produttive. L'India sopporta una fuga dei cervelli (*brain drain*) dell'ordine di 100000 laureati all'anno e sta tentando di invertire il processo, sostenendo il rientro dei cervelli (*brain gain*) e il loro reinserimento con forti incentivi che hanno contribuito a potenziare il settore produttivo locale, tanto che il Paese occupa il dodicesimo posto al Mondo per numero di imprese *biotech*.

---

[14]Sono state sollevate molte perplessità sull'opportunità di investimenti nel settore *biotech* da parte di Paesi con gravi situazioni di disagio socio-economico e sanitario, tuttavia in molti di questi Paesi c'è una forte convinzione che gli investimenti in R&D possono contribuire a cambiare il futuro, portando a una maggiore valorizzazione del capitale umano, anche attraverso il potenziamento dell'alta formazione.

[15]Sebbene questa cifra sia almeno dieci volte più bassa di quella corrispondente degli Stati Uniti, è considerevole che rappresenti solo la metà di quanto i governi dei Paesi dell'Africa Sub-Sahariana hanno destinato nello stesso anno alle spese per gli armamenti.

Fino al 2005, il sistema dei brevetti indiano non permetteva di brevetta-re prodotti, ma solo processi[16]. Questa limitazione ha fatto sì che le imprese investissero prevalentemente nell'innovazione di processi a basso costo, favorendo un enorme sviluppo del settore, per cui attualmente l'India occupa il quarto posto al Mondo tra i produttori di farmaceutici, aggiudicando-si l'8% del mercato per volume e l'1% per valore. La qualità di questi prodotti è attestata dal fatto che l'India è il secondo Paese, dopo gli stessi Stati Uniti, per numero di prodotti approvati dalla FDA[17]. Attualmente l'India è il più grande fornitore di vaccino DPT, la trivalente che viene somministrata anche ai nostri bambini, e produce un vaccino contro l'epatite B a un costo assolutamente competitivo rispetto a quello dei Paesi avanzati (50 centesimi contro 16 dollari). L'aspetto per certi versi sorprendente è che, in alcuni casi, la produzione non è rivolta solo al miglioramento delle condizioni sanitarie della popolazione e alla riduzione della spesa interna, ma anche verso il mercato internazionale, con un'elevata produzione di interferone, insulina, eritropoietina e altre decine di prodotti ricombinanti a basso costo. Per esempio, la terapia antivirale usata per combattere l'AIDS costa tre volte meno con prodotti dell'industria farmaceutica indiana rispetto a quelli delle multinazionali che praticano un costo assolutamente proibitivo per i Paesi più poveri (10000 dollari all'anno). Di conseguenza è in enorme crescita lo scambio commerciale di presidi sanitari tra Paesi del Sud del Mondo, tanto che il 67% delle esportazioni della produzione indiana è diret-ta al Terzo Mondo.

C'è un rischio che anche nelle imprese dei Paesi emergenti prevalga la logi-ca del profitto e in particolare che si preferisca produrre per le malattie dei Paesi industrializzati, che possono garantire maggiori margini di guadagno. Nel 2003 sono stati brevettati nei Paesi in via di sviluppo 105 prodotti ad uso sanitario di cui solo 10 erano rivolti a combattere le malattie dei poveri.

Il successo delle strategie messe in atto dall'India, come da altri Paesi emergenti, potrebbe essere di lezione a molti Paesi cosiddetti avanzati, tra cui il nostro che, come si è visto, attualmente non si trova in una situazione molto promettente.

---

[16]Recentemente, l'India, come altri Paesi in via di sviluppo, ha dovuto adeguarsi alle regole dell'accordo TRIPs (si veda il Capitolo 8).

[17]La *Food and Drug Administration* è l'organo governativo statunitense che controlla e autorizza la commercializzazione di prodotti a uso alimentare e farmaceutico nel territo-rio degli Stati Uniti.

In conclusione, anche se ovviamente non possiamo aspettarci che le biotecnologie da sole risolvano tutti i problemi della salute globale, dobbiamo riconoscere che rappresenteranno sempre più uno strumento valido per la lotta alle malattie infettive, che affliggono principalmente il Terzo Mondo, e anche per quelle di tipo non-trasmissibile, che attualmente rappresentano il 60% delle cause di morte e per le quali si prevede un aumento fino ad oltre il 70% nell'arco dei prossimi 10-15 anni in tutto il Mondo.

Bibliografia

1. Huynen MM, Martens P, Hilderink HB (2005) The health impacts of globalization: a conceptual framework. Global Health 3:1-14. http://www.globalizationandhealth.com/content/1/1/14
2. Art. 25 della Dichiarazione universale dei diritti dell'uomo, 1948
3. Morel C, Broun D, Dangi A e coll (2005) Health Innovation in Developing Countries to Address Diseases of the Poor. Innovation Strategy Today 1:1-15. www.biodevelopments.org
4. United Nations (2000) United Nations Millennium Development Goals. United Nations, New York. http://www.un.org/millenniumgoals/
5. Collins T (2003) Globalization, global health and access to care. Int J Health Plann Manege 18:97-104
6. World Health Organization (2002) Genomics and world health: Report of the Advisory Committee on Health Research. World Health Organization, Geneva. http://www3.who.int/whosis/genomics/pdf/genomics_report.pdf
7. United Nations Millennium Project Task Force on Science, Technology and Innovation (2004) Interim Report of Task Force 10 on Science, Technology, and Innovation. Commissioned by the UN Secretary General. United Nations, New York. http://www.unmillenniumproject.org/documents/tf10interim.pdf
8. Dulbecco R (1986) A turning point in cancer research: sequencing the human genome. Science 231:1055-1056
9. http://www.wellcome.ac.uk/
10. http://www.telethon.it/
11. http://www.celera.com/
12. www.genegateway.com/ fornisce una guida per il pubblico interessato ma non specialistico, mentre http://www.ornl.gov/sci/techresources/Human_Genome/home.shtml è un sito più tecnico, ma certamente più completo
13. Daar AS, Thorsteinsdóttir H, Martin DK e coll (2002) Top ten biotechnologies for improving health in developing countries. Nat Genet 32:229–232
14. Beck IA, Drennan KD, Melvin AJ e coll (2001) Simple, sensitive, and specific detection of human immunodeficiency virus type 1 subtype B DNA in dried blood samples for diagnosis in infants in the field. J Clin Microbiol 39:29–33
15. Malaria Vaccine Initiative http://www.malariavaccine.org
16. Wiesner J, Borrmann S, Jomaa H (2003) Fosmidomycin for the treatment of malaria. Parasitol Res 90[Suppl 2]:S71-S76

17. Global Forum for Health Research (2000) The 10/90 Report on Health Research. Global Forum for Health Research, Geneva

18. Jodar L, LaForce FM, Ceccarini C e coll (2003) Meningococcal conjugate vaccine for Africa: a model for development of new vaccines for the poorest countries. Lancet 361:1902-1904

19. Acharya T, Daar AS, Thorsteinsdóttir H e coll (2004) Strengthening the Role of Genomics in Global Health. PLoS Medicine 1:195-197. www.plosmedicine.org

20. Thorsteinsdottir H, Quach U, Martin DK e coll (2004) Introduction: promoting global health through biotechnology. Nat Biotechnol 22[Suppl]:DC3-DC7

21. Mashelkar RA (2005) Nation Building through Science & Technology: A Developing World Perspective-10th Zuckerman Lecture, Royal Society, London. Innovation Strategy Today 1:16-32. www.biodevelopments.org

22. Kumar NK, Quach U, Thorsteinsdottir H e coll (2004) Indian biotechnology-rapidly evolving and industry led. Nat Biotechnol 22[Suppl]:DC31-DC36

10. Il contributo delle Scienze della Terra alla conoscenza dei cambiamenti climatico-ambientali su scala globale

MARTA PAPPALARDO

1. Cambiamenti climatici, pianificazione e politica

Come si inserisce un contributo sui cambiamenti climatico-ambientali in un volume sulla globalizzazione? Senza volere indulgere in rinnovate forme di determinismo geografico possiamo affermare che il clima, come un grande ombrello al quale nessuno si può sottrarre, indirettamente condiziona, anche se in maniera parziale, lo sviluppo di tutte la società umane, dalle più semplici a quelle più tecnologicamente avanzate.

Il clima e i suoi cambiamenti sono temi che non lasciano indifferenti i politici, i quali hanno capito quanto le tematiche ambientali possano essere destabilizzanti per gli equilibri politici, sia a livello nazionale che internazionale. In questo senso si esprime il Presidente della Regione Toscana in un suo recente intervento a un convegno:

«I cambiamenti climatici sono un rischio per la pace? È da questo interrogativo che siamo partiti nella riflessione dell'ultimo Meeting di San Rossore, cercando una risposta che tenesse conto dei mutamenti in atto e dei loro effetti sulla salute dell'uomo, sull'ambiente, sugli equilibri geopolitici del Paese. Il clima che cambia ... sarà il banco di prova attorno al quale ruoteranno le politiche internazionali ed i rapporti economici fra i Paesi. (Claudio Martini, Athenet, n° 11, dicembre 2004)».

Questo interesse dei politici verso le modificazioni climatico-ambientali, tuttavia, si manifesta troppo spesso in prese di posizione che appaiono come vere e proprie ingerenze indebite nel dibattito scientifico, già di per se stesso molto acceso, sulle cause e le tendenze dei cambiamenti climatici in atto.

Così, ad esempio, Joe Barton, presidente del Comitato per l'Energia e il Commercio della Camera dei Rappresentanti USA il 28 giugno 2005 ha pubblicamente attaccato i climatologi statunitensi Michael Mann, Raymond

Bradley e Malcolm Hughes, autori di alcuni articoli che mostrano come l'ultimo decennio del XX secolo sia stato il più caldo di tutto millennio [1]. Il lavoro di questi ricercatori, che hanno analizzato sia dati strumentali che diversi tipi di dati indiretti (i cosiddetti *proxy data*) si riassume in un grafico ormai noto come *grafico a mazza da hockey*, dal quale risulta una brusca impennata delle temperature a scala globale fra il 1960 ed il 2000[1]. Il Presidente Barton si inserisce quindi in un dibattito scientifico ergendosi a giudice di una ricerca nel campo della quale egli non ha alcuna competenza specifica, accusando i suoi connazionali scienziati di avere svolto male il loro lavoro.

In Italia è successo qualcosa di simile, anche se l'ingerenza dei politici qui ha toni molto più morbidi e strategie molto più subdole. Il nostro Ministero dell'Ambiente ha pubblicato, su quattro pagine di spazio pubblicitario a pagamento nel numero di *Famiglia Cristiana* del 24 luglio 2005, un resoconto riassuntivo degli interventi presentati a un convegno sui cambiamenti climatici, organizzato dallo stesso Ministero, tenutosi a Roma nel mese precedente. Le opinioni presentate erano unanimemente concordi nel ridimensionare l'influenza dell'uomo sui cambiamenti climatici, così come lo erano gli interventi dei numerosi e qualificati relatori invitati al convegno, i quali però non rappresentavano che una singola "fazione" nell'ambito del dibattito culturale sui cambiamenti climatici, che anche nel nostro Paese vede autorevoli pareri in disaccordo fra di loro. Il resoconto di *Famiglia Cristiana* si sforza di essere comprensibile pur provando a presentare il problema nella sua complessità. Esso è illustrato con grafici relativi alla variazione dei fattori ritenuti potenzialmente responsabili delle variazioni del clima. Alcuni di questi grafici sono molto noti, come quello che quantifica le variazioni del numero delle macchie solari, e quindi delle fluttuazioni della quantità di energia emessa dal sole, negli ultimi quattrocento anni. Fra di essi però ne compare uno, la cui fonte non è specificata, che esprime la *stima della durata della presente fase di riscaldamento*, in termini di probabilità (%), dalla quale risulta un dato molto rassicurante per i lettori del settimanale, ma francamente incomprensibile in questa veste per chiunque abbia un minimo di conoscenze scientifiche, e cioè che gli effetti della presente fase di riscaldamento globale dovrebbero essersi totalmente annullati entro il 2090.

---

[1]Nel lavoro citato le temperature sono espresse in termini di scostamento, in gradi centigradi, dalla media delle temperature strumentali del periodo 1961-1990. Un'obiezione che potrebbe essere mossa è che il trentennio scelto potrebbe non essere rappresentativo delle condizioni climatiche medie del secolo. Infatti, ad esempio, nelle Alpi si è registrata negli anni Settanta una fase di generalizzato avanzamento dei ghiacciai.

Mentre il lavoro di Mann e compagni riporta chiaramente su quali tipologie di dati si basa l'elaborazione (il che permette di fondare eventuali critiche metodologiche), in questo caso non si specifica sulla base di quali dati viene espressa la probabilità.

Possiamo quindi affermare che il dibattito sul futuro del clima del nostro pianeta si svolge oggi ampiamente al di fuori del mondo scientifico e che si sono create delle vere e proprie *lobbies* pro e contro il riscaldamento globale, che utilizzano i risultati, magari preliminari, di questa o quella ricerca scientifica come puntelli sui quali fondare scelte politiche, aziendali o di pianificazione. È indispensabile riportare il dibattito all'interno della comunità scientifica, e concentrarsi sull'incrementare le conoscenze sui cambiamenti climatici, piuttosto che alimentare il dibattito che tenta di stabilire se l'aumento dell'anidride carbonica nell'atmosfera dovuto alle emissioni da parte dell'uomo sarà la causa di un futuro scenario di catastrofi ambientali. Infatti il sistema climatico è estremamente complesso, e le variabili che ne determinano le tendenze evolutive sono numerosissime ed hanno pesi diversi fra loro [2], tanto che possiamo affermare che a tutt'oggi non esiste un modello che opportunamente tutte le comprenda.

In questo quadro il ruolo delle Scienze della Terra è quello di fornire vincoli alle modellizzazioni del comportamento futuro del clima dedotte dalla ricostruzione, possibile attraverso l'uso di molteplici indicatori, delle vicende climatico-ambientali del passato [3], senza entrare nel merito di questioni fondamentali, quali ad esempio le conseguenze sul clima dello sviluppo tecnologico di sempre nuove parti del pianeta, che sono più propriamente di pertinenza delle discipline geografiche. In questo lavoro si intende passare in rassegna alcuni fra i principali indicatori delle modificazioni diacroniche del clima; per ciascuno di questi indicatori verranno illustrati i principi di utilizzo e sintetizzati i maggiori risultati raggiunti in ambito internazionale.

2. Gli indicatori delle variazioni climatiche del passato

2.1 I ghiacciai

I ghiacciai sono considerati degli eccezionali archivi naturali e anche degli ottimi indicatori delle modificazioni climatiche sia in atto, che di un passato abbastanza remoto. Questo per due ordini di motivi: innanzitutto perché

essi, indipendentemente dalla loro forma e dimensioni, risultano estremamente sensibili alle modificazioni del clima; in secondo luogo perché essi, e
in particolare i ghiacciai polari, rappresentano un vero e proprio archivio
della storia dell'atmosfera.

Esiste infatti una catena di relazioni fra clima e variazioni glaciali [4],
che dipende dal fatto che il clima globale influenza il clima locale del ghiacciaio, il quale a sua volta, attraverso gli scambi di massa ed energia fra il
corpo glaciale e l'ambiente circostante, influenza il cosiddetto *bilancio di
massa* del ghiacciaio. Questo è un valore, espresso normalmente in mm di
acqua equivalente, che rappresenta la differenza fra la massa che, nel corso
di un anno, un ghiacciaio acquista attraverso le precipitazioni nevose, l'apporto delle valanghe e della neve sospinta dal vento, e quella perduta dal
corpo glaciale attraverso i fenomeni di ablazione[2]. Se il bilancio di massa è
positivo la fronte glaciale avanza, se viceversa è negativo essa arretra, il
tutto in maniera proporzionale alla quantità di massa acquistata o perduta.
Quindi i ghiacciai reagiscono ai cambiamenti climatici cambiando forma e
dimensioni.

È possibile ricostruire l'estensione che un ghiacciaio aveva in una o più
delle fasi climatiche del passato attraverso lo studio delle sue forme di erosione e di deposito. Particolarmente utile a tale fine è l'identificazione degli
archi morenici frontali, forme di deposito che si creano in corrispondenza
della fronte di un ghiacciaio quando questo permane per un certo periodo
nella stessa posizione e che si possono conservare anche per decine di
migliaia d'anni dopo il ritiro della fronte glaciale. Le moderne tecniche geocronologiche consentono in molti casi di datare le forme e i depositi glaciali (Fig. 1).

Le forme glaciali, opportunamente riconosciute, interpretate e datate,
consentono quindi non solo di ricostruire l'estensione di un ghiacciaio, ma
anche di attribuire una massa glaciale a una fase climatica definita dal
punto di vista cronologico, e di quantificare le sue caratteristiche dal punto
di vista termico. Questo è possibile ricostruendo la posizione della linea di
equilibrio del ghiacciaio [5], e confrontandola con la posizione della linea di
equilibrio attuale. Si intende per linea di equilibrio quella linea altimetrica
in corrispondenza della quale l'annuale bilancio di massa del ghiacciaio è
pari a zero, ovvero quella quota sulla superficie del ghiacciaio al di sotto

---

[2]Si intende con ablazione glaciale quell'insieme di fenomeni, prevalentemente di fusione,
ma anche di sublimazione, che avvengono nella stagione estiva a spese della neve e/o del
ghiaccio sulla superficie del ghiacciaio e sulla sua fronte.

Fig. 1. Un masso erratico lungo la Valle del Gesso (Alpi Marittime). Campioni di roccia prelevati da questi massi e sottoposti a datazione con il metodo dei radionuclidi cosmogenici stanno consentendo di stabilire una cronologia delle fasi di deglaciazione di questo settore alpino

della quale si avrà scioglimento di parte della lingua glaciale, mentre al di sopra di essa gli accumuli saranno più abbondanti delle perdite. È possibile, nota la posizione e la forma del ghiacciaio in una fase climatica del passato (fase B), calcolarne il valore della linea di equilibrio, e calcolare quindi l'incremento che tale valore ha subito sino alla fase attuale. Noto il gradiente termico altimetrico che caratterizza attualmente il clima nell'area dove si estendeva la massa glaciale e noto l'innalzamento delle linea di equilibrio fra la fase climatica B e il presente, si può calcolare l'incremento subito dalla temperatura dalla fase B ad oggi. In questo modo sono state calcolate, ad esempio, le variazioni della temperatura rispetto all'*Ultimo Massimo Glaciale* (18-20000 anni fa) ovvero la fase di massima espansione dei ghiacciai a scala mondiale durante la più recente glaciazione [6].

I ghiacciai polari, inoltre, sono considerati archivi naturali capaci di restituire informazioni molto precise sulle caratteristiche delle paleo-atmosfere. Questi ghiacciai, infatti, hanno la particolare caratteristica di essere soggetti a un accumulo annuale molto limitato, a causa delle scarse precipitazioni che caratterizzano le aree polari: inoltre essi, assieme a quelli delle regioni montane più elevate, si trovano al di sopra dell'isoterma annua degli 0°, il che comporta alcune importanti conseguenze: infatti i livelli di neve che annualmente si accumulano subiscono solo una lenta compattazione senza essere soggetti a fenomeni di parziale fusione e rigelo o a deformazioni dovute al movimento del ghiacciaio, che nei ghiacciai polari è estremamente lento, non presentando essi quel sottile livello d'acqua liquida che sta alla base dei ghiacciai temperati, e riduce l'attrito fra il ghiaccio e il basamento roccioso. La moderna tecnologia permette di estrarre "carote" di ghiaccio sino a elevate profondità dalle calotte glaciali, che consentono di documentare la caratteristiche degli accumuli nevosi a partire dai quali il ghiacciaio si è formato, trasformati in ben distinti livelli di ghiaccio, durante alcune centinaia di migliaia d'anni dal presente [7, 8].

Le analisi alle quali i campioni vengono sottoposti mirano a ottenere serie di variazione interannuale di diversi parametri[3], dalle quali si ottengono informazioni relative alla variazione temporale di elementi climatici quali la temperatura (essendovi una relazione lineare fra il contenuto isotopico medio della neve e la temperatura media annua), le precipitazioni, la pressione atmosferica, ma anche dati sulle variazioni globali della circolazione terrestre, sugli effetti a scala globale di fenomeni geologici (eruzioni vulcaniche di grande magnitudo, ecc.).

Da un'analisi dei dati pubblicati relativi alle diverse perforazioni eseguite negli ultimi anni nelle calotte artica e antartica si possono estrapolare alcune informazioni cruciali per la comprensione dei meccanismi di modificazione del clima globale, anche se questo strumento di indagine si trova ben lungi dall'avere esaurito le sue potenzialità.

Le modificazioni globali registrate nei ghiacci terrestri ci dicono che, almeno durante gli ultimi 500000 anni, il clima è stato in continua variazione, seppure entro limiti stabiliti. A conferma di quanto ottenuto con l'analisi delle fluttuazioni glaciali in tutto il mondo possiamo quantificare l'escursione della temperatura media annua tra un ciclo glaciale e uno interglaciale in circa 10°C. Nelle variazioni climatiche si individua una periodicità compatibile grossomodo con quella dei parametri orbitali terrestri; la transizione fra un periodo glaciale e uno interglaciale inizia con un evento

---

[3]I principali parametri misurati sono lo spessore e le caratteristiche fisiche e chimiche (pH) dei singoli livelli annui di ghiaccio, i rapporti isotopici D/H e $^{18}O/^{16}O$, la natura e la concentrazione del particolato atmosferico e anche, grazie alla presenza di "bolle d'aria" intrappolate nel ghiaccio, a documentare le variazioni del tenore dei gas atmosferici (CO_2, CH_4, N_2O).

astronomico (*orbital forcing*), ma viene amplificato da un aumento dei gas serra seguito da una diminuzione dell'albedo. La concentrazione dei gas serra ha fornito un importante contributo alla transizione fra una fase glaciale e una interglaciale, e questo anche prima dell'immissione in atmosfera dei gas da parte dell'uomo. Questa considerazione, tuttavia, non esclude di per sé che l'uomo abbia un ruolo nella presente fase di riscaldamento globale.

2.2 Il livello del mare

I cambiamenti della posizione relativa del mare rispetto alle terre emerse sono indicativi di variazioni della quantità d'acqua presente, di modificazioni del volume degli oceani, di movimenti verticali delle terre, o di una combinazione fra questi fattori. Per questo motivo non esiste una corrispondenza fra le curve relative del livello del mare, che hanno una validità locale, e le cosiddette curve eustatiche, che quantificano la variabilità nel tempo di uno solo dei fattori, cioè della massa d'acqua contenuta nei bacini oceanici (Fig. 2).

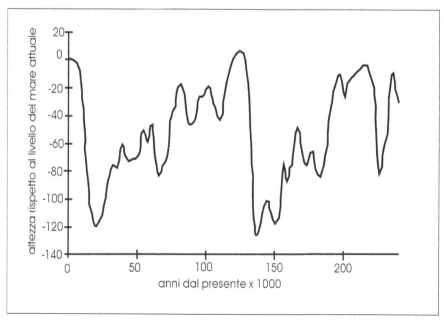

Fig. 2. Curva delle variazioni del livello del mare costruita da Waelbroeck e coll [9] (ridisegnata)

Durante il Quaternario (ultimi 2 Ma) il contributo dominante alle variazioni del livello del mare deriva dal periodico scambio di massa fra gli oceani e le calotte glaciali, legato alle fluttuazioni del clima globale. Le curve eustatiche sono state costruite utilizzando le serie di variazione di alcuni elementi (l'ossigeno, l'idrogeno e il carbonio), nei sedimenti deposti sui fondali profondi dei bacini oceanici (curve isotopiche) [9]. In esse il rapporto fra le abbondanze relative di due isotopi stabili è in rapporto con la composizione dell'acqua di mare. Questa a sua volta varia in funzione della presenza nella massa oceanica di diverse quantità di acqua derivata dallo scioglimento delle calotte glaciali, che saranno tanto maggiori quanto più alta è la temperatura globale. È quindi possibile stabilire un rapporto diretto fra il volume d'acqua contenuta negli oceani e la composizione dell'acqua oceanica, e questa sarà indicativa dell'altezza del livello del mare nel caso in cui la componente eustatica sia l'unica responsabile. In generale questo si verifica raramente sulla superficie terrestre: infatti anche durante il Quaternario i movimenti tettonici dovuti ai fenomeni orogenetici e/o all'attività vulcanica hanno determinato sollevamento o subsidenza delle terre lungo i margini costieri. D'altro canto, i fenomeni isostatici, dovuti alla variazione della distribuzione dei pesi delle masse di ghiaccio e acqua sulla litosfera, connessi con le fluttuazioni glaciali, hanno causato sollevamenti delle terre emerse e deformazioni dei fondali oceanici, con effetti tanto minori quanto più ci si allontana dalle aree di calotta. Ai fini della conoscenza delle cause, ma anche dei possibili effetti delle modificazioni climatiche e ambientali a scala globale, è quindi evidente quanto sia importante disporre sia di curve eustatiche che di curve relative di variazione del livello del mare, al fine anche di perfezionare modelli evolutivi che siano in grado di prefigurare scenari futuri.

Le Scienze della Terra hanno un ruolo chiave nella calibrazione dei modelli di variazione del livello del mare, ai quali possono fornire curve di variazione locale per determinati intervalli cronologici. Per costruire queste curve vengono utilizzati i cosiddetti indicatori [10], ovvero forme del rilievo, depositi o altri elementi che testimonino la presenza di un livello di stazionamento del mare in una posizione diversa dall'attuale[4]. Il riconoscimento degli indicatori, la loro datazione e la misurazione della loro quota rispetto al livello del mare attuale costituiscono un'attività scientifica di

---

[4]Esempi di indicatori possono essere particolari morfologie in roccia (come piattaforme d'abrasione sollevate, solchi di battente) oppure depositi marini esposti in ambiente subaereo, biocostruzioni relitte, speleotemi sommersi, o anche strutture archeologiche in relazione funzionale con il livello del mare (moli, vasche per ittiocultura).

grande rilievo per la comprensione dei meccanismi evolutivi del sistema climatico. Le curve di variazione del livello del mare oggi più accreditate mostrano come le fluttuazioni di questo ricalchino, ma con significative peculiarità, quelle dei ghiacci terrestri [11]. Osservando le curve di variazione del livello del mare degli ultimi 230000 anni [12] si rileva che il livello attuale degli oceani corrisponde grossomodo a quelli dei picchi degli ultimi due interglaciali; infatti durante l'interglaciale precedente all'attuale il livello del mare era circa 6 m più alto di oggi. Al contrario nelle fasi di massima espansione glaciale il livello del mare ha subito una fluttuazione negativa di oltre 100 m. Durante gli ultimi 120000 anni il livello del mare non è mai stato alto come è attualmente, e negli ultimi 2000 anni ha subito un incremento che, almeno nel Mediterraneo, è stato quantificato in circa 1 m. Questo trend di variazione potrà essere in futuro correlato con quello dedotto dall'analisi delle serie strumentali, quando queste saranno sufficientemente lunghe, e potranno così verificare se e quanto il tasso di sollevamento del livello del mare ha subito una recente accelerazione.

In accordo con le evidenze glaciali le curve di variazione del livello del mare ci dimostrano come la transizione fra il picco di una fase interglaciale e il momento di massima espansione dei ghiacci di una fase glaciale sia un fenomeno lento e graduale, caratterizzato da fluttuazioni climatiche anche di grande entità, mentre al contrario la deglaciazione procede con velocità più sostenuta e con fluttuazioni di minore entità.

2.3 Gli anelli di accrescimento degli alberi

La dendrocronologia studia gli anelli di accrescimento degli alberi e li data con precisione annuale, allo scopo di analizzare variazioni spaziali e temporali di processi nell'ambito delle scienze fisiche e culturali [13]. Questa disciplina sta trovando larga applicazione negli studi ambientali in genere e negli studi sulla variabilità climatica; la finestra temporale indagata copre gli ultimi 2000 anni, per quanto riguarda cronologie assolute legate ad oggi, e si estende alla preistoria con cronologie relative, spesso associate a datazioni geocronologiche.

Un anello di accrescimento rappresenta il livello di cellule del legno che un albero produce nel corso di un anno. Esso è costituito dall'insieme del legno primaticcio, le cui cellule si sono formate durante l'inizio della stagione di accrescimento, e dal legno tardivo, le cui cellule si sono prodotte nella parte finale della stagione di accrescimento, e generalmente si estende per tutta la circonferenza dell'albero.

Gli anelli di accrescimento presentano specifiche proprietà, che possono essere misurate e delle quali si possono ottenere serie di variazione interannuali. La principale proprietà che viene misurata è l'ampiezza anulare, associata alla densità del legno. Il tasso di accrescimento degli anelli è funzione di una serie di variabili ambientali, quali la temperatura, la piovosità, la stabilità del substrato e molte altre. Per ottenere informazioni sulle modificazioni ambientali è necessario selezionare piante per la crescita delle quali è ben identificabile un fattore limitante, ovvero la variabile ambientale primaria che risulta limitarli di più. Così, ad esempio, se il fattore limitante è la temperatura, l'ampiezza anulare, ma anche la percentuale di legno primaticcio e quella di legno tardivo prodotte annualmente, saranno funzione della variabilità termica rispettivamente inter- e intra-annuale.

La datazione degli anelli di accrescimento (Fig. 3), che nell'insieme costituiscono la curva di crescita di una pianta, è resa possibile dalla comparazione dei record anulari della stessa con quelli di piante della stessa specie e attualmente viventi nello stesso areale (datazione incrociata). Infatti i *pattern* di ampiezza anulare, o altre caratteristiche degli anelli (ad esempio, la densità, la presenza di anomalie di crescita ecc.), corrispondenti tra diverse serie di anelli annuali permettono l'identificazione dell'anno esatto nel

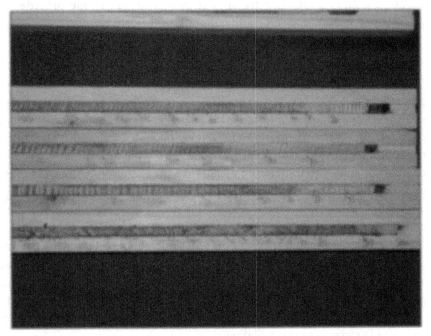

Fig. 3. Carote di larice sottoposte ad analisi nel Laboratorio Pisano di Dendrocronologia

quale ogni anello di accrescimento è stato prodotto[5]. La ricostruzione delle condizioni climatiche del passato tramite la dendrocronologia [14, 15] si fonda sulla comparazione dell'ampiezza anulare con i record meteorologici in uno stesso intervallo di tempo; questo consente di individuare una equazione statistica per la relazione fra le due entità. La sostituzione dell'ampiezza degli anelli datati nell'equazione stabilita consente così di ottenere una stima statistica del clima negli anni precedenti a quelli considerati. Presso il laboratorio di dendrocronologia dell'Università di Pisa (Laboratorio Pisano di Dendrocronologia), oltre ai classici studi sulla variabilità climatica, si stanno sviluppando innovative metodologie di applicazione della dendrocronologia, che consistono nella datazione delle frane per il riconoscimento di fasi di dissesto ambientale legate ai cambiamenti climatici [16].

3. Scienze della Terra e cambiamenti globali

Ricapitolando i risultati fondamentali delle ricerche sulla variabilità climatica a scala globale raggiunti nell'ambito delle Scienze della Terra, occorre sottolineare che la variabilità climatica è la caratteristica essenziale della storia ambientale della terra nel corso degli ultimi due milioni d'anni. Tale variabilità è dipendente da fattori non ancora completamente noti, ma accomuna, pur con minori anomalie locali, tutta la terra, condizionando in maniera univoca le attività dell'uomo e lo sviluppo delle società.

Quando si parla in chiave catastrofista degli scenari ambientali del futuro occorre tenere presente che esistono dei vincoli ai modelli di evoluzione climatico-ambientale dai quali non è possibile prescindere. Ad esempio, quando si prefigurano innalzamenti repentini della temperatura è bene tenere presente che durante l'ultima glaciazione le variazioni della temperatura hanno subito un'oscillazione non superiore ai 10°C. Inoltre quando si

---

[5]Le ricerche dendrocronologiche richiedono l'utilizzo di specifiche apparecchiature, sia per il prelievo dei campioni che per le analisi da effettuare su di essi. Possono essere utilizzate sezioni circolari di tronco, ove disponibili, o più semplicemente carote estratte con un apposito strumento (carotiere di Pressler). L'attrezzatura di laboratorio necessaria include un microscopio binoculare, una slitta per la misurazione incrementale degli anelli di accrescimento e un apposito software per la registrazione dei dati. Ulteriori procedure standardizzate consentono il trattamento dei dati, che sarà differenziato in funzione del tipo di informazione ambientale che si vuole ottenere.

parla di aumenti del livello del mare, occorre ricordare che il livello attuale
degli oceani corrisponde grossomodo a quelli dei picchi degli ultimi due
interglaciali, e che, almeno negli ultimi 300000 anni non è mai stato più di 6
m al di sopra del suo livello attuale. Invece molto spesso il mare è stato più
basso di oggi, anche di oltre un centinaio di metri, e nel corso degli ultimi
20000 anni è risalito molto velocemente da –120 m al suo livello attuale.

James Hutton, considerato uno dei padri della Geologia, stabilì il cosiddetto *principio di uniformità* (1785), che individua nei fenomeni ambientali del presente la chiave per la comprensione di quelli del passato, registrati
nelle sequenze sedimentarie. Negli ultimi due secoli le Scienze della Terra
hanno dimostrato, con il progresso scientifico e con la loro ramificazione
disciplinare, il forte contributo che esse possono fornire alla conoscenza dei
fenomeni ambientali del passato. Più recentemente, con lo sviluppo della
modellistica anche in campo ambientale, le Scienze della Terra si impongo-
no come quell'insieme di discipline che possono fornire vincoli ai modelli
previsionali. Il comportamento del sistema climatico così come ricostruito
per il passato può essere estrapolato al futuro, a meno ovviamente della
variabile antropica. Sebbene i risultati delle ricerche attuali rendano pre-
matura una valutazione seria sul ruolo dei fattori antropici nelle modificazioni climatiche in atto, il tasso di sviluppo delle nostre conoscenze scientifiche è sicuramente maggiore di quello di modificazione del clima.

È cruciale, tuttavia, che non si disperdano risorse in ricerche finalizzate
ad acquisire dati pro o contro una delle due contrapposte *lobbies* di fautori
e detrattori del contributo dei gas antropogenici al riscaldamento globale (i
cosiddetti *greenhouse skepticals*), ma che si impieghino le risorse disponibili congiuntamente per dare una risposta scientifica seria all'esigenza di
disporre di scenari climatico-ambientali affidabili sul nostro futuro di abitanti del pianeta terra.

Bibliografia

1. Soon W, Baliunas S, Legates D e coll (2003) On the past temperatures and anomalous
   late 20-th century warmth; discussion and reply. Eos Transactions Amer Geoph Un
   82:553
2. Mann M, Cane M, Zebiac S e coll (2004) General circulation modelling of Holocene
   climate variability. Quat Sci Rev 20-22:2167-2181
3. Orombelli G (2005) Cambiamenti climatici. Geog Fis Dinam Quat Suppl 7:15-24
4. Smiraglia C (1992) Guida ai ghiacciai e alla glaciologia. Zanichelli, Bologna
5. Benn DI, Lehmkuhl F (2000) Mass balance and equilibrium line altitudes of glaciers in
   high-mountain environments. Quat Int 65-66:15-29

6. Dawson AG (1992) Ice age earth. Routledge, London

7. EPICA community members (2004) Eight glacial cycles from an Antarctic ice core. Nature 429:623-628

8. North Greenland Ice Core Project Members (2004) High resolution record of Northern Hemisphere climate extending into the last glacial cycle period. Nature 431:147-151

9. Waelbroeck C, Labeyrie L, Michel E e coll (2002) Sea-level and deep water temperature changes derived from benthic Foraminifera isotopic records. Quat Sci Rev 21:295-305

10. Ferranti L, Antonioli F, Mauz B e coll (2006) Markers of the last interglacial sea-level high stand along the coast of Italy: tectonic implications. Quat Int 145-146:30-54

11. Lambeck K, Esat TM, Potter EK (2002) Links between climate and sea levels for the past three million years. Nature 419:199-206

12. Antonioli F, Bard E, Potter EK e coll (2004) 215-ka history of sea level oscillations from marine and continental layers in Argentarola Cave speleothems (Italy). Glob Plan Change 43:57-78

13. Wiles GC, Calkin PE, Jacoby GC (1996) Tree-ring analysis and Quaternary geology: principles and recent applications. Geomorphology 16:259-272

14. Hughes MK (2002) Dendrochronology in climatology; the state of the art. Dendrochronologia Verona 20:95-116

15. Naurzbaev MM, Huges MM, Vaganov EA (2004) Tree ring growth curves as sources of climatic information. Quat Res 62:126-133

16. Stefanini MC (2004) Seasonal determination of mass movement occurrence by means of dendrochronology and wood anatomy: examples from Italian case studies. Geog Fis Dinam Quat 27:159-166

Indice analitico

Finito di stampare nel mese di Dicembre 2006

Printed in the United States
by Baker & Taylor Publisher Services